岭南文化艺术图典

名城·建筑·园林

光孝寺
廣種福田

廣州光孝寺

趙樸初敬題

◎ 达亮 著

岭南文化艺术图典

名城·建筑·园林

SPM 南方传媒
嶺南美術出版社
中国·广州

图书在版编目（CIP）数据

广州光孝寺 / 达亮著.— 广州：岭南美术出版社，2024. 9.—（岭南文化艺术图典）. —ISBN 978-7-5362-8043-4

Ⅰ. TU-885

中国国家版本馆CIP数据核字第2024Z9P836号

出 版 人：刘子如
策划编辑：翁少敏
责任编辑：翁少敏　高爽秋　叶雨呈　吴芷璇
责任技编：谢　芸
装帧设计：紫上视觉 刁俊锋 黄隽琳

广州光孝寺
GUANGZHOU GUANG XIAO SI

出版、总发行：岭南美术出版社（网址：www.lnysw.net）
（广州市天河区海安路19号14楼　邮编：510627）
经　　销：全国新华书店
印　　刷：广州一龙印刷有限公司
版　　次：2024年9月第1版
印　　次：2024年9月第1次印刷
开　　本：889 mm×1194 mm　1/16
印　　张：21.5
字　　数：306千字
ISBN 978-7-5362-8043-4

定　　价：158.00元

《岭南文化艺术图典》编委会

南無廣博身如來

序一

前些日子，在广州的达亮将他编著的《广州光孝寺》书稿的电子版传给我，希望我为之写篇序。我将书稿通览了一遍，写得出乎意料的好，花费功夫之深，搜集材料之全，使我惊讶。

光孝寺，我去过多次，参观过，也在那里讲过禅宗，自然是比较熟悉的地方。然而在阅读《广州光孝寺》的过程中，竟感到自己对这所闻名古今的寺院所知还是太少。是啊，光孝寺有一千七百多年的悠久历史，中国佛教史上占有重要地位的高僧曾驻锡，在此更发生过影响中国佛教的重要事件；寺院历经兴废变迁，殿堂建筑结构既继承传统，又有鲜明的地方特色……对于这些，达亮通过精心设计的章节，引证古今文献，配上历史和现代的图片，一笔一笔地展开叙述，向读者娓娓道来。这对我这个主要靠图书文献研究佛教历史的人来说，确实收获不少。

我长期研究中国禅宗，对光孝寺的历史有所了解。当年禅宗六祖惠能从五祖弘忍门下受法南归，曾辗转迁徙于新州（今广东新兴）、四会和怀集三县之间，度过了一段十分艰苦的隐遁岁月，然后来到广州光孝寺。据载，光孝寺建于三国时代，原名制止寺或制旨寺，东晋时改称王园寺，在唐贞观十九年（645）改为乾明法性寺，武后时一度改为大云寺，宋代以后改为报恩广孝寺、光孝寺。惠能来时，称法性寺。他这位“不速之客”曾在此与寺僧展开著名的“风幡之议”，发论精妙，受到精于《大涅槃经》的印宗法师的敬重，为之剃度，然后送他到曹溪宝林寺（今韶关南华寺）。从此，光孝寺更加有名，成为禅宗的重要祖庭。

至于历代在光孝寺驻锡的其他人物，笔者所知不多。达亮依据佛教史传和地方志、寺志以及近人著作等丰富的资料，对禅宗初祖菩提达摩、译经僧求那跋陀罗、真谛、唐代“开元三大士”、般剌蜜帝、义净、渡日传授律宗的鉴真、憨山德清、虚云和尚以及重要护法居士等人的事迹和与光孝寺的关系，皆以适当的篇幅做了介绍。笔者过去对菩提达摩、求那跋陀罗、真谛、义净等人是否曾到过光孝寺，从未认真考察过，看了达亮的叙述，才了解他们与光孝寺也有缘分。

达亮结合寺院历代的沿革变迁，对寺院的建筑及其结构和特色做了详略不同的说明，例如寺院名称变化，带有历史遗迹性质的洗钵泉、达摩井、风幡堂、瘗发塔、西铁塔、东铁塔等文物和富有民族建筑特色的殿堂及其构件瓦当、直棂窗、斗拱等。对寺院中的菩提树、诃子树、无忧树、榕树及花草等，皆对照图片进行介绍。不仅增加了书的知识性，也增加了趣味性，让读者在轻松的阅读过程中增长知识。

通过此书的介绍，使我更加确信，寺院不仅是僧众长年修行和弘法利生的佛教中心，也是一个群众性的文化中心。应当看到，寺院本身还是综合文化的一种载体，有内涵丰富的建造和延续性的历史，有多座富有民族特色的殿堂建筑，有庄重的形象逼真多姿的佛菩萨造像，有丰富多彩的美术作品，有历经风霜的嘉木名花……

中国佛教在漫长的历史变迁中传播和发展，既有兴盛，也有衰落；既有顺利，也有曲折、坎坷。这也反映在包括光孝寺在内的各地寺院的兴衰经历中。中华人民共和国成立后，随着国家各项事业的振兴，中国佛教得以沿着与社会主义社会相适应的康庄大道前进和发展。

达亮在书后附录《广州光孝寺大事简表》《住寺高僧年表》《广州光孝寺历代住持简表》《六朝至唐域外梵僧在寺所译各经简表》《光孝寺碑铭集目录》等，这将为读者和研究者的检阅带来很大的方便。

在此书即将出版之际，谨写以上文字以为序。

杨曾文

中国社会科学院荣誉学部委员、世界宗教研究所教授

2016年12月11日于北京华威西里自宅

序二

光孝寺亦称法性寺、制旨寺、诃林等，是广州的首刹。这座已有一千七百余年历史的寺院，曾经为佛教发展做出巨大贡献，特别是在佛教文化方面，光孝寺一直是广东地区佛教文化的代表，也是“海上丝绸之路”的节点站之一。历史上曾经有过光孝寺的一些记载，例如佛教书中载：“佛法入中国，教自白马西来，从陆而至雒阳，禅泛重溟，由水而至五羊，岂以性海一脉，潜流于大地耶。自晋耶舍尊者，乘番舶，抵仙城，建梵刹，种诃子成林，故号诃林。”[①] 明清两代编纂过《光孝寺志》，然距今已有几百年矣，几百年来，光孝寺在不断变化，特别是改革开放以后，光孝寺对广东佛教的发展起到重要的推动与引领作用，寺院文化也在这些年里开始腾飞，与时俱进的光孝寺需要重写历史，叙其变迁。在光孝寺明生方丈的关心与支持下，新的《光孝寺志》已经编就，很快就会出版。

光孝寺历经沧桑，与诸多的高僧大德结下因缘，也流传着很多传说，可谓具有丰厚的历史与文化。光孝寺“自尔法幢竖于曹溪，道化被于寰宇，至今称此为根本地”[②]，且有寺早于广州城的传说。古人云：“今见诃林觉树，犹闻钟梵之响，岂南粤灵异于西天，祖道有逾于佛法耶。圣人相传，应运出世，授受之际，闲不容发。第愿力有浅深，故化缘有延促，譬若四时，成功者退。是则化声相待，待而有待，有待而又有待也。无待则应缘之迹，斯亦几乎息矣。惟今去我六祖大师千年，传灯所载千七百人，其化法之场，随时隆替。在

① 憨山撰：《广东光孝禅寺重兴六祖戒坛碑铭并序》，侍者福善日录，门人通炯编辑，岭南弟子刘起相重校《憨山老人梦游集》卷第二十六。

② 憨山撰：《广州光孝寺重修六祖殿记》，侍者福善日录，门人通炯编辑，岭南弟子刘起相重校《憨山老人梦游集》卷第二十四。

在沦没者多，粤之梵宇，百不存一，犹曹溪流而不涸，觉树荣而不凋，讵非斯道有所托而然耶。”① 佛教以菩提觉悟为目的，“诃林觉树”就是菩提树，故光孝寺亦为“觉园”。“此又地以道存，人依法住也。”② 光孝寺作为中国佛教禅宗与唯识宗的祖庭，不仅影响过中国佛学的发展进程，还是古代重要译场，承担了中外佛教文化交流的重任，“钟梵之响”常畅，“圣人相传”所依。把光孝寺的历史和为其做过贡献的人物书写出来，给后人树立典范，重铸觉园之辉煌，正是当代僧人之责任。

对光孝寺的学术研究与介绍，近一百年才开始。总体上说，到现在为止，关于光孝寺的学术研究成果不多，还有许多基本资料需要整理和出版，除了二十世纪上半叶著名学者罗香林撰写的光孝寺的学术研究专著外，其他的研究成果都是以论文形式面世的。现在即将出版的由达亮编纂的《岭南文化艺术图典》系列——《广州光孝寺》，是一本图文并茂，全面、系统介绍光孝寺的著作，这是光孝寺文化史上第一本具有知识性特点的著作，它开拓了光孝寺研究的新路径，让更多的人能正确了解光孝寺的基本情况。

对寺庙的研究可以有多种路径，也可以有多种表达方式。但最难做到的是既有学术性，又有通俗性，这样的著作在我国佛教出版物中并不多见，《广州光孝寺》的出版可说是有一定的代表性。作者达亮文笔清新，语言通畅，他通晓佛教历史，掌握了大量历史资料，故在撰写《广州光孝寺》时引用了不少史书与研究著作，做了许多考评。深入浅出地介绍光孝寺的历史与典故，让人一看就懂，一下就能了解光孝寺。在他的文字里，这座佛教寺院焕发光彩，鲜活无比。这正是达亮此著的殊胜之处。

---

①② 憨山撰：《广州光孝寺重修六祖殿记》，侍者福善日录，门人通炯编辑，岭南弟子刘起相重校《憨山老人梦游集》卷第二十四。

我与达亮相识多年，每次见面多讨论一些与学问有关的事情。真可谓君子之交淡如水。达亮对苏东坡有着深入的研究，至今已出版好几本关于苏东坡的研究著作。现在达亮又用他的优美文笔，描述了光孝寺的历史文化，为学术界和佛教界做出大功德。《广州光孝寺》文字优美，配图精美，内容和形式都臻上乘，必能引起读者的兴趣。达亮撰写寺书，功德圆满，是可赞，可敬耶！

是为序。

黄夏年

中国社会科学院世界宗教研究所杂志社编审、杂志社社长

2016年11月18日于北京潘家园宅

内容提要

“佛法始自达摩航海，昔憩五羊。佛法亦自唐始盛，其根发于新州，畅于法性，浚于曹溪，散于海内。”（憨山语）常言道：“未有羊城，先有光孝。”既是说光孝寺历史悠久，也是说岭南佛教由来很早。光孝寺，本身就是历史标记。

佛教传入洛阳，流布华夏，而南国曾为先导。史载岭南之有寺，始于三国。时虞翻舍宅，初名制止寺，制止乃翻宅之易名。又因为此地原为西汉南越王玄孙赵建德府邸，至今有一千七百余年的历史。及东晋隆安中，昙摩耶舍从西域来，爱其地胜，乞以建梵刹，名王园寺。唐贞观中改王园寺为法性寺。宋绍兴七年（1137）称报恩广孝禅寺，二十一年又易广孝为光孝。自此，沿称至今，历八百余年。

光孝寺弘教之殊胜，历代弘富。南朝高僧，逞一时之盛：印度梵僧求那跋陀罗建金刚于法性，天竺梵僧智药三藏种菩提树于戒坛，且曰：“百七十年来，有圣人出。”禅宗一脉，传于光孝，更是令人瞩目：印度梵僧达摩初至五羊，六祖惠能露颖于风幡，宝林开基，曹溪衍派，光昭日月，道被寰宇。

光孝寺自昔为名僧聚居之所，而其译经事业，关系尤巨。上起三国西域支彊梁接、东晋昙摩耶舍尊者，下迄唐武后梵僧般剌蜜帝，西来僧侣，居此译经，代不乏人。陈时梵僧真谛于此译《唯识论》，早于玄奘译此经百余年。唐相国房融于此寺笔受《楞严经》释译，传播甚广，为历代禅门所重。

六祖演法，彪炳史册。其时，唐高宗龙朔初，六祖大师得黄梅五祖衣钵，隐迹十五年。至仪凤初，因风幡之辩，脱颖而出，果披薙于树下，登坛受戒，推为人天师，于此开演东山法门。自尔法幢竖于曹溪，道化被于寰宇，至今称此为根本地。故憨山大师题云:“禅教遍寰中兹为最初福地，祇园开岭表此是第一名山。”

“境以人传，法因言显。”中国佛教史上，域外梵僧若昙摩耶舍、求那跋陀罗、智药三藏、达摩祖师、真谛、般剌蜜帝、不空等，皆在光孝寺或开山说法、逡译经典，或译经布道、驻锡弘化；中土诸祖若惠能大师、义净三藏、鉴真律师、憨山祖师、天然禅师等，自三国魏晋南朝至唐宋元明清，历代皆有高僧先贤，过往住持，扬佛崇化，宣教慰民，留下不胜枚举之历史佳话与光辉史迹，与日月俱存。

圣树移植，菩提树、诃子树是寺内园林特色。古树为绿色文物、活的化石，有重要科学、文化及经济价值。智药菩提树、达摩洗钵泉、六祖瘗发塔、南汉东西铁塔等，昭示着古寺历史之悠久、文化之深厚、影响之巨大、地位之崇高。

光孝寺建筑是岭南地域文化之见证。其建筑规模之宏大，为广州四大丛林之冠，开创岭南建筑史上独有的风格和流派。建筑群中以大殿最为雄伟，保有唐宋建筑艺术形式，殿内梭形木柱，一跳两昂重拱六铺制作之斗拱，其造型和结构，实为全国著名建筑中所罕见。大殿槛窗及门扇为清代遗制，其两檐间有一列鱼鳞波纹式明瓦蚝壳窗。大殿蹲脊兽左右垂脊共塑六仙人造型，此形式在中原佛教建筑中亦为罕见。大殿柱基以石头雕凿成须弥座的形状，显示殿堂等级之高。

中华人民共和国成立后，本焕和尚承虚云祖师遗志复兴光孝、丕振宗风，令得祖庭浴火重生。中兴诃林护伽蓝的新成和尚，弘宗演教衍拓山门的明生和尚，“传灯续焰畅宗风”，使得“祇国百粤耀羊城”。

经典迻译，摄论传授，禅宗南派，密教传播，嘉树移植，佛塔镂刻，广东省佛教协会原会长云峰为大殿题联云：“晋朝胜迹百粤名蓝仰圣树擎天千古白云连珠海，祖道传心万灯续焰看雨花匝地当年虞苑接祇园。”可为古刹诠释历史之厚重。见证广州佛教一千七百余年历史的寺庙惟有光孝寺，足见光孝寺与广州佛教发展史之关系甚重：唯光孝寺及其前身见证了佛教在广州肇始、发展、繁荣、延续的整个历史过程。

目录

第一章

岭南佛教的肇始

一　佛教在岭南

岭南是一个古老的地理概念，通常指的是我国南方五岭以南的广大地区，包括今广东省、海南省和广西壮族自治区全境，以及湖南、江西的部分地区。“岭南”一词，文献记载最早见于《史记》，古代又曾称岭南为岭外、岭表、岭海等。后来因岭南的中心在广州一带，逐渐便以广东省（包括从广东分出去的海南省）为岭南的代称。本文所涉及的岭南，除特殊说明外，均指今广东省及海南省地区。

地处岭南沿海的广东是古代中外交往的两大动脉之一“海上丝绸之路”的重要枢纽，这种得天独厚的地理优势，使得岭南文化长期以来“采中原之精粹，纳四海之新风，融汇升华”，形成了“绚丽多彩、凝重深厚”[①]的雄浑格调。由于岭南文化对外来文化有更宽广的兼容性，不但中国土生土长的道教在这里生根、发芽、成长，世界三大宗教的佛教、基督教、伊斯兰教在这里也得到了顺利的传播和弘扬。其中，对岭南文化影响最大者，当

● 牟子，东汉末年苍梧郡人，所作《牟子理惑》，提出了儒道释在思想理论上观点一致的说法

① 胡守为著：《岭南古史·前言》，广州：广东人民出版社，1999年，第1页。

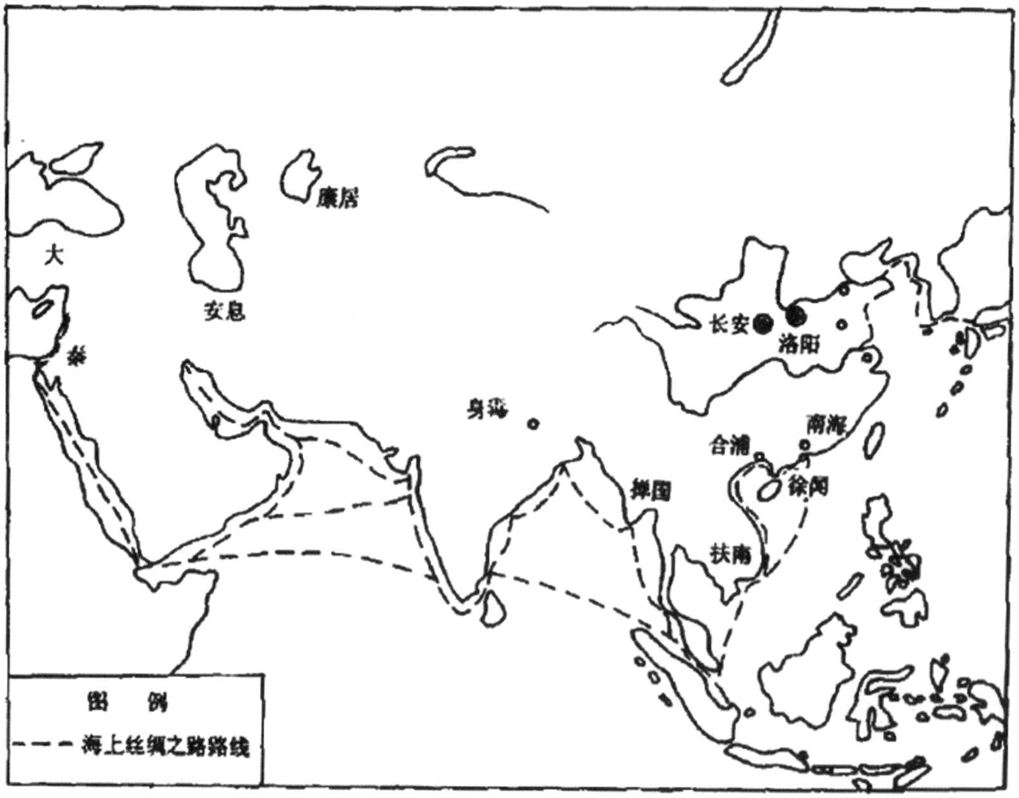

● 汉代海上丝绸之路（图片来源：黄启臣《广东海上丝绸之路史》）

首推佛教。

汉代中印间的交流途径有三：（1）经由西域的陆路；（2）经由海上的交通；（3）经由云南入四川。其中以“张骞凿空”所打开的线路，对佛教的传播贡献最大。[①] 印度佛教传入岭南主要经海路，从交趾、徐闻、合浦、广州传入东南沿海。佛教传入岭南后，即与岭南原有的传统文化融合，形成了独具特色的岭南佛教文化，具超前性、务实性、兼容性和开创性。岭南佛教传播的轨迹，既与岭南的发展史同步，又略有差异。

广东是我国较早接触外来宗教并保存多种宗教的省份，亦是中外宗教文化交流的重要中转站。除中国本土的道教由北往南

① “张骞凿空”西域之说见司马迁《大宛列传》的记载：“骞所遣使通大夏之属者皆颇与其人俱来，于是西北国始通于汉矣。然张骞凿空，其后使往者皆称博望侯，以为质于外国，外国由此信之。”参见汉·司马迁《史记》卷一百二十三，北京：中华书局，1963年，第3169页。

传入广东外，佛教、伊斯兰教和基督教皆由海路传入广东，再经广东向内地传播；古代中国信徒赴国外求法，有不少是从广州启程，还有些从陆路去国外求法者亦沿海道归国，在广州登陆，然后去往内地。三大宗教在广东传播之后，与岭南文化相互影响，形成了别具特色的宗教文化景观，并且在地理分布上具有较强的区域性。

据斯里兰卡史书《岛史》记载，公元前308年佛教即已传入该国。[①] 斯里兰卡是西汉的“海上丝绸之路”的西行线的一个终点，小乘佛教就是沿着这条连接中西的“海上丝绸之路”向东传播，东南亚诸国受其影响，多信奉小乘佛教。最晚在西汉武帝时，中国通往印度洋的这条海上航线就已经开通，中国与南亚、东南亚诸国之间已有商旅或使者往来。因此，作为南海丝绸之路之东方始发地的广州（时称番禺）接触到小乘佛教，应不会太晚，只是苦于缺乏可靠的史料或考古发现等确凿的证据，不能定论。

汉代“海上丝绸之路”的开通揭开了中国历史上跨文化传播的新的一页，促进与扩展了岭南的中外文化交流。历史上文化传播的途径主要有以下几种：（1）自然传播；（2）商道传播；（3）战争传播；（4）移民传播；（5）宗教传播。[②] 根据史实，外来文化在岭南传播的途径主要为商道传播与宗教传播。“汉代‘海上丝绸之路’实质上，仍是以番禺为起点的。”[③] 自西汉时，广州就已经是全国著名的商业大都会之一，[④] 是“海上丝绸之路”的东方起点。

佛教起源于印度，大约在两汉之际通过陆路途径由西域传入中国的黄河流域，并开始显于朝廷。其后，佛教主要通过陆、海两条路径继续僧侣的往来、佛经的翻译、教义的传播。罗香林等学者经过研究后认为，佛教传入中国之主要路径“自来知其有敦

① 耿引曾：《以佛教为中心的中斯文化交流》，载周一良主编：《中外文化交流史》，郑州：河南人民出版社，1987年，第478页。

② 周鸿铎主编：《文化传播学通论》，北京：中国纺织出版社，2005年，第115页

③ 曾昭璇：《广州：古代海上丝绸之路的起点城市》，载《广州与海上丝绸之路》，广东省社会科学院，1991年，第38页。

④ 司马迁著：《史记·货殖列传》。

煌道、永昌道、交广道，与青州道等四途”[①]。其中交广道上的广州自古以来因其临海的独特地理条件成为佛教海陆传播的一个重要中转站。唐代起广州已是中国与日本、新罗（今朝鲜半岛）及东南亚一些国家通商的主要港口，是“海上丝绸之路”的起点之一，与扬州、宁波并称为中国三大对外贸易港口。宋时明州（今宁波市）与广州、泉州同时被列为对外贸易三大港口。

① 罗香林著：《唐代广州光孝寺与中印交通之关系》，香港：中国学社，1960年，第1—2页。

二　佛教在广州

广州之名始于三国，这个要从汉代说起。刘邦建立西汉政权后，为了方便中央管理，把长江以南基本划分为三个州，即扬州、荆州、交州。当时的交州覆盖的范围就是现在的广东、广西大部分以及越南部分地区。三国鼎立时期，交州属于吴国地界。东吴孙权为了实际控制交州，在吴黄武五年（226）把交州一分为二：一为交州，二为广州。“广州”从此诞生。这时候的广州包括南海、苍梧、郁林（今玉林）、合浦四郡，州治番禺。这段时间，相比于战乱频繁的中原地区，岭南一带相对平静，与海外诸国的经济文化交流也在前朝的基础上继续发展。

（一）佛教的传入与发展

广州最迟在东晋隆安五年（401）已建佛寺（制止寺，即后来的光孝寺）。就目前掌握的文献资料来看，三国时制止寺的创建，应是广州有佛教的最早记载。《光孝寺志》卷二《建置志》记载：“故南越赵建德王府，三国吴虞翻谪徙居此，废其宅为苑囿，多植苹婆、苛子。时人称为虞苑，又曰苛林。翻卒，后人施其宅为寺，扁曰‘制止’。”[①] 虞翻卒于吴嘉禾二年（233），[②] 死后归葬浙江余姚故里，则其居所改作佛寺，在234年左右。

① 清·顾光、何淙修撰：《光孝寺志》卷二《建置志》，中山大学中国古文献研究所整理组点校，北京：中华书局，2000年，第18页。

② 张岂之主编，刘学智、徐兴海著：《中国学术思想编年》，西安：陕西师范大学出版社，2006年，第32页。《三国志》卷五十七《虞翻传》及传注载其卒年约孙权赤乌二年（239），享年七十岁。笔者倾向于前者。

据此，东吴孙权嘉禾年间，广州已有佛教。

在诸多外来宗教中，佛教传入广州最早。[①] 在汉末三国之际，佛教已传入广州地区，据记载：中国佛教史上第一个佛经翻译家安世高于东汉建和元年（147）来到中国，就是经海路到广州，后北上江淮。到了吴晋时期，广州地区的佛教有了初步的发展，进入广州宣讲佛法或从事翻译的域外梵僧渐多，如东吴元兴元年（264）外国沙门强梁娄至（真喜）到广州，翻译《十二游经》。晋太康二年（281），西天竺僧迦摩罗来广州，建三归[②]、仁王[③]两寺，传播佛教……其后天竺僧耆域泛海至交州、广州，后抵洛阳。嗣后，晋隆安五年（401），罽宾国僧昙摩耶舍至广州，在虞翻故居建王园寺，又在白沙寺讲法，译《差摩经》一卷，门徒八十五人。[④] 广州已成为佛教沿海路传入中国的重要门户。两晋时期，是广州佛教出现宗教活动、创建佛寺的初始阶段，广州已成为岭南佛教的中心。

魏晋时期，许多中外僧人曾到广东弘扬佛法，如昙摩耶舍、法度、支法防、单道开等，他们结交、往来的多是一些上层官员，未见有在下层民众中大规模传法活动的记载。到了东晋、南朝时，皇亲国戚多笃信佛教，如《晋书》记载，东晋恭帝司马德文“幼时性颇忍急，及在藩国，曾令善射者射马为戏。既而有人云：‘马者国姓，而自杀之，不祥之甚。’帝亦悟，甚悔之。其后复深信浮屠道，铸货千万，造丈六金像，亲于瓦官寺迎之，步从十许里”[⑤]。南朝梁武帝萧衍更是推崇佛教，为了希求功德，造福来生，他大肆营造寺院佛塔，施舍僧尼，这种情况至其晚年更甚，京都“佛寺五百余所，穷极宏丽。僧尼十余万，资产丰沃。所在郡县，不可胜言”[⑥]。萧衍本人还精研佛学，致力于整理佛教典籍，多次在寺院亲自讲解佛经。

这一时期作为中外宗教文化交流

---

① 广州的宗教文化源远流长，是构成岭南文化的一个重要内容。佛教、道教、伊斯兰教、天主教和基督教五大宗教在广州历史上都有传播，在中国宗教史上占据重要的地位。佛教大约在吴五凤二年（255）传入，是传入广州最早的宗教。道教是中国本土宗教，传入广州的时间大约在西晋光熙元年（306）。伊斯兰教是唐贞观年间（约627）传入的。天主教传入广州在明朝万历年间。基督教传入广州的时间最晚，大致在清朝初年。

② 明成化《广州志》提及时已湮没。

③ 在广州西城西濠之西口，即今诗书路西侧，今大德中路尚果里一带。昔时寺面积甚大，又当江边（宋）。明谭清海《六渠议论》中，关正西门一脉云：“由光孝寺，至诗书街，绕古仁王寺出西濠以入于海。”《南海百咏续编》云：“寺其颇广，且多古迹，废础遗砖，尚是唐时雕凿。”成化《广州府志》云：“护国仁王禅寺，在郡西濠街。晋泰（太）康二年（281），梵僧迦摩罗尊者自西竺来始建，刘汉时为之重建。”（黄佛颐：《广州城坊志》卷三《西濠街》，第348页）有最早海道东来僧人之说。清道光年间仍有仁王寺。光绪五年（1879），该寺已为前锋营箭道。清道光《广东通志》卷328列传61页648上载“王仁寺”，疑误。

④ 杨万秀、钟卓安主编：《广州简史》，广州：广东人民出版社，1996年，第60页。

⑤ 唐·房玄龄等撰：《晋书》卷一〇《恭帝纪》，北京：中华书局，1974年，第270页。

⑥ 唐·李延寿撰：《南史》卷七〇《郭祖深传》，北京：中华书局，1975年，第1721页。

华林寺达摩祖师，身穿袈裟，右腿趺坐，左腿曲起，造像鲜活

中转站的岭南地区，佛教氛围浓厚，天竺、西域僧人随海船到达广州后，在广州传教译经、建寺。南朝梁武帝初年，天竺僧人智药三藏浮海至广州后溯北而上，在曲江先后建宝林寺（今南华寺）和月华寺、檀特寺。梁普通七年（526），天竺国著名僧人达摩[①]，由海路到广州，在今下九路登岸，建西来庵（西来初地），造就我国禅宗之祖，后来该寺又经兴毁，改名华林寺，一直保存至今。后来达摩由陆路北上，在韶关于南朝梁天监三年（504）建宝林寺。据《大藏经》记载，这一时期岭南地区由广州至岭北的交通要道上兴建佛寺37所，主要集中在广州和始兴郡（今韶关）两地，其中广州19所，始兴郡11所。[②]达摩于529年到达少林寺，推动了中国佛教的改革与发展。[③]

唐宋元时期，广州佛教与道教的兴衰相互交替，从广州光孝寺寺名变更中可看出端倪：唐王朝扬道抑佛，会昌五年（845）把“乾明法性寺”（今光孝寺）改为“西云道宫”；北宋宣和年间，又把“神霄玉清万寿宫”改为道宫。元至元十九年（1282），官方曾

① 达摩，亦作达磨，无正误之分，本书不对二名统一。

② 蒋祖缘、方志钦主编：《简明广东史》，广州：广东人民出版社，1993年，第103页。

③ 曾定夷、徐续、赖才清等：《广东风物志》，广州：花城出版社，1985年。

达摩祖师碑记

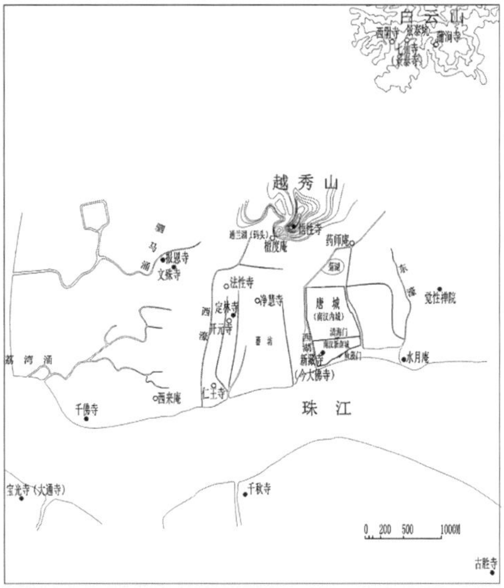

南汉时期广州佛教寺院分布图（图片来源：何韶颖《清代广州佛教寺院与城市生活》）

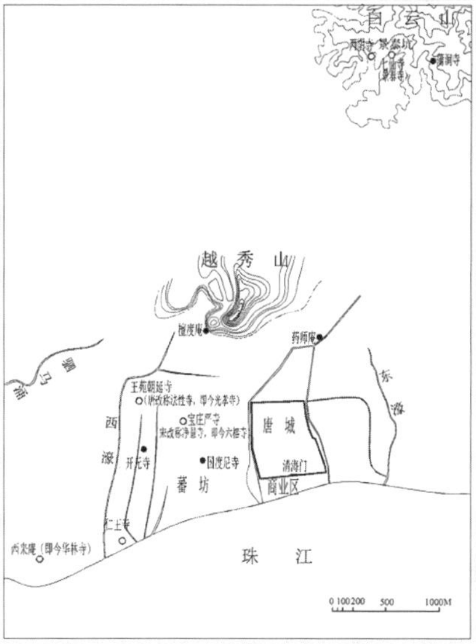

唐代广州佛教寺院分布图（图片来源：何韶颖《清代广州佛教寺院与城市生活》）

在今光孝寺焚毁道经。广州道教发展起落不定，随当时统治者政策不同而变化。

自西晋时期佛教传入岭南以来，广州的佛教史共计一千七百多年，其间的兴衰起伏集中体现在寺庵的创建、更替、兴废之中。据有关资料统计，广州历史上曾先后出现过近200所寺庵，至民国二十四年（1935）尚有11寺39庵堂。现今广州市内仅存有七座佛教寺庵，其中能够见证广州佛教悠悠一千七百多年历史的寺庙只有光孝寺，足见光孝寺与广州佛教发展史之关系甚重：光孝寺及其前身几乎见证了佛教在广州肇始、发展、繁荣、延续的整个历史过程。

（二）代表性僧人及其传法活动

由于一些西域的高僧东来中国传教，兼做翻译，如汉明帝时之竺法兰在洛阳白马寺与迦叶摩腾合译《四十二章经》，此为翻译之始。后秦的鸠摩罗什，南北朝之真谛，唐之玄奘合称为中国佛教三大翻译家，以玄奘之功绩最为卓著。

佛经翻译不仅弘扬佛法，对一般士

光孝寺出土的南朝青瓷碗

大夫阶层亦产生很大影响。佛经的翻译一向被视为神圣的事业。当时虽无严复倡导的“信、雅、达”的翻译标准，但有关的分工与要求已颇分明。每译一经，有人主译，有人襄助。昔人有言，阅书不如背诵书，背诵书不如抄书，抄书不如译书。

在从天竺、狮子国（今斯里兰卡）经东南亚至中国南方的广大地区的遥远路途中，僧人们到达目的地有两种情况，一是搭乘商船，二是官方迎送，反映出使节往来、商贸活动和佛教交流之间密不可分的关系。梁释僧祐在《出三藏记集序》中写道：“道由人弘，法待缘显，有道无人，虽文存而莫悟；有法无缘，虽并世而弗闻。闻法资乎时来，悟道藉于机至；机至然后理感，时来然后化通矣。”[①] 僧祐的这一说法是有道理的，佛教的弘扬离不开适宜的时机，就某一区域而言，这一时机取决于经济、政治、文化等诸多社会条件。

从海路入华的僧人，其译经的地方主要在交州、广州、建康（或称建业，今南京）和荆州。建康是六朝诸王朝的都城，从东汉末年以来就是佛教在南方的中心。从海路入华的僧人大部分辗转进入建康，在这里从事建寺、译经和传法活动。按照梁启超的说法，中国佛学史可以分为两期，两晋南北朝为输入期，隋唐为建设期。而输入事业之主要者一是西行求法，二是传译经论。[②]“论译业者，当以后汉桓灵时代托始。东晋南北朝隋唐称极盛。”[③]

关于东汉末年交州地区（今广东、广西及越南北部地区）已传入佛教，《高僧传》有关佛教高僧康僧会的记载进一步说明了这个问题。康僧会原籍康居，世居天竺，其父经商移居交趾。十余岁父母去世后出家，他是“有史记载的第一个自南而北传播佛教的僧侣”[④]。但康僧会是入华后出家的。《高僧传》记载：吴赤乌十年（247）康僧会到达建业之前“吴地初染大法，风化未全”。孙权为康僧会所建之“建初寺”[⑤] 是建康

● 江南第一寺：建初寺

---

① 许明编著：《中国佛教经论序跋记集》，《出三藏记集录序》，上海：上海辞书出版社，2002年，第113—114页。

② 清·梁启超撰：《中国佛法兴衰沿革说略》，《佛学研究十八篇》，上海：上海古籍出版社，2001年，第12页。

③ 清·梁启超撰：《翻译文学与佛典》，《佛学研究十八篇》，上海：上海古籍出版社，2001年，第168页。

④ 杜继文：《佛教史》，北京：社会科学出版社，1991年，第55页。

⑤ 建初寺，史称“江南第一寺”，乃南京佛教发祥地。吴赤乌十年（247），西域高僧康僧会大师来建业（今南京）传播佛法，应吴帝孙权之请，求得感应舍利。孙权为其建造寺塔，赐名建初。东晋时改名长干寺，宋天禧二年（1018）改天禧寺，明永乐十年（1412），明成祖赐名大报恩寺。清咸丰六年（1856）毁于太平军之乱。

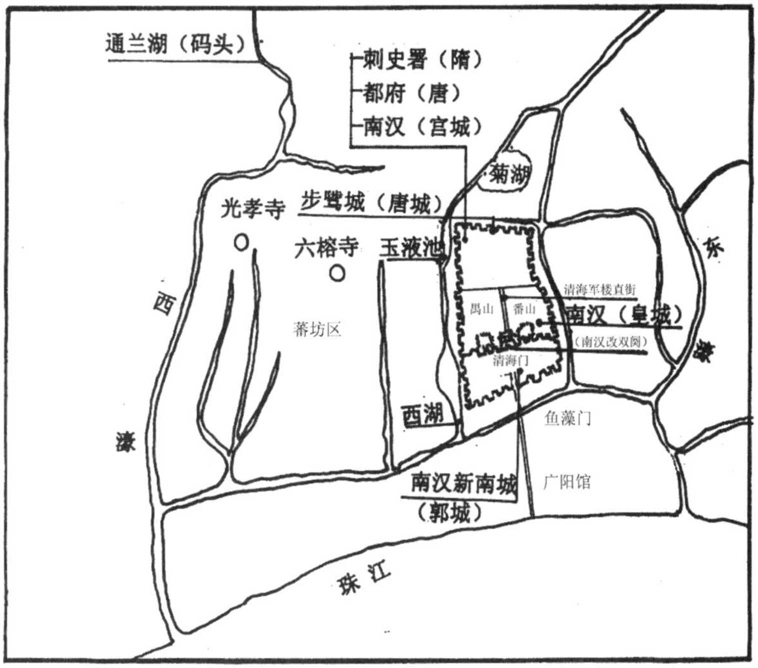

唐代广州城址范围（图片来源：何韶颖《清代广州佛教寺院与城市生活》）

第一座佛寺。由于康僧会入建康传法，佛教在孙权所辖“江左”一带才真正兴起。因此，从康僧会传法路线来看，三国时期建康之佛教，可能自交州传入。

康僧会实际是“南方佛教的重要布教者”，第一个翻译、注释佛经的岭南人。他的思想，集中体现在他编译的《六度集经》中。“康僧会的思想显然是儒释道三家掺合的早期产物，是继牟子[①]后出自岭南的我国早期又一位佛教思想的阐释者。”[②]

光孝寺作为岭南著名的译经场，有罗香林先生考证：“六朝至唐梵僧在光孝寺所译各经可为考释者，有昙摩耶舍、求那跋陀罗、真谛、般刺密（蜜）帝等，共译经论二十部，陈朝真谛所译十六部。”为什么会有众多天竺高僧来广州译经？覃召文在《岭南禅文化》中指出：“当时的梵本经典皆写在贝多罗树叶上，并用竹木夹好，若运往南京便很不方便，且容易损坏，所以广州也就自然成了译经的据点。”[③]如此一来，广州得领翻译贝经和孤本、稀本梵文版佛经之先，自然吸引不少学识渊博的三藏高僧、居士、士大夫参与。据罗香林先生统计，仅在光孝寺所译的佛经，有案

① 牟子为苍梧人，他的《理惑论》是中国人阐述佛学最早的一篇文章。

② 李权时主编：《岭南文化》，广州：广东人民出版社，1993年，第315页。

③ 覃召文著：《岭南禅文化》，广州：广东人民出版社，1996年，第6页。

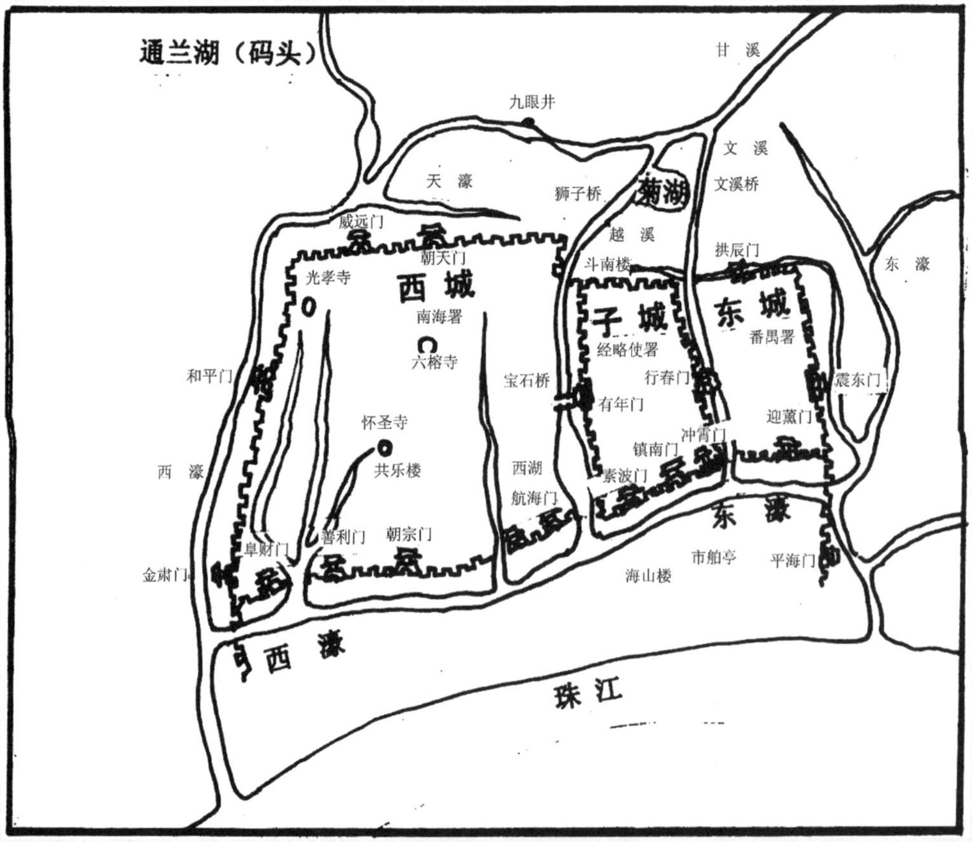

宋代广州城址范围（图片来源：何韶颖《清代广州佛教寺院与城市生活》）

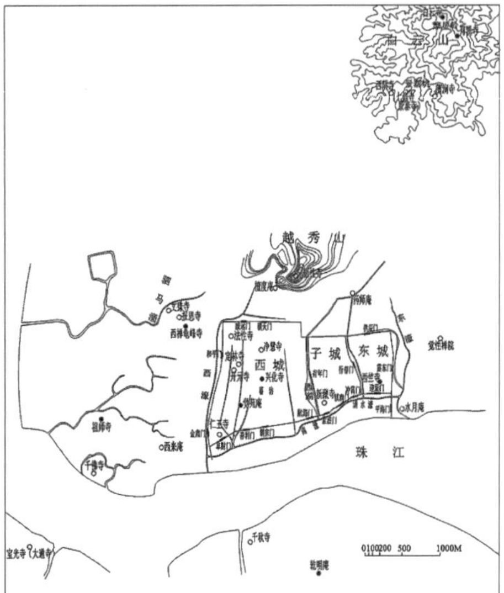

宋元时期广州佛教寺院分布图（图片来源：何韶颖《清代广州佛教寺院与城市生活》）

可稽的便有二十部。

这一时期的佛典翻译，主要集中在南朝宋时代，先后有佛驮跋陀罗、求那跋陀罗主持的译经僧团，梁陈之际，则有真谛在南方译经。南朝的译经，在中国佛教史上也占有重要的地位。道宣说：“魏、宋、齐、梁等朝，地分圯裂，华夷参政，翻传并出。至于广部传俗，绝后超前，即见敷扬，联耀惟远。”① 评价极高。

① 《大唐内典录》卷一，《历代众经传译所从录》第一之初。

三　光孝寺的功能

首先，唐宋佛寺设有行香院、圣容院，承担为皇家祈福的功能；其次，佛寺是城市的公共活动中心、文化艺术场所，有慈善救济和社会公益服务的功能。由于具有公共性和慈善性的基础，佛寺承担的公共慈善、服务功能相当多。如接受读书人在寺内长住读书。其实直到今天，佛寺仍然在很多城市和乡村具有其地位。

在广州城，光孝寺是仅有的获朝廷敕封的官寺，历代都是官方最高级别的礼仪之地。这种具有官方象征的地位，赋予了光孝寺除宗教功能以外的政治功能。

今光孝寺保存的“皇帝万万岁”石碑，此碑出现于何时无从考认

大殿前香炉

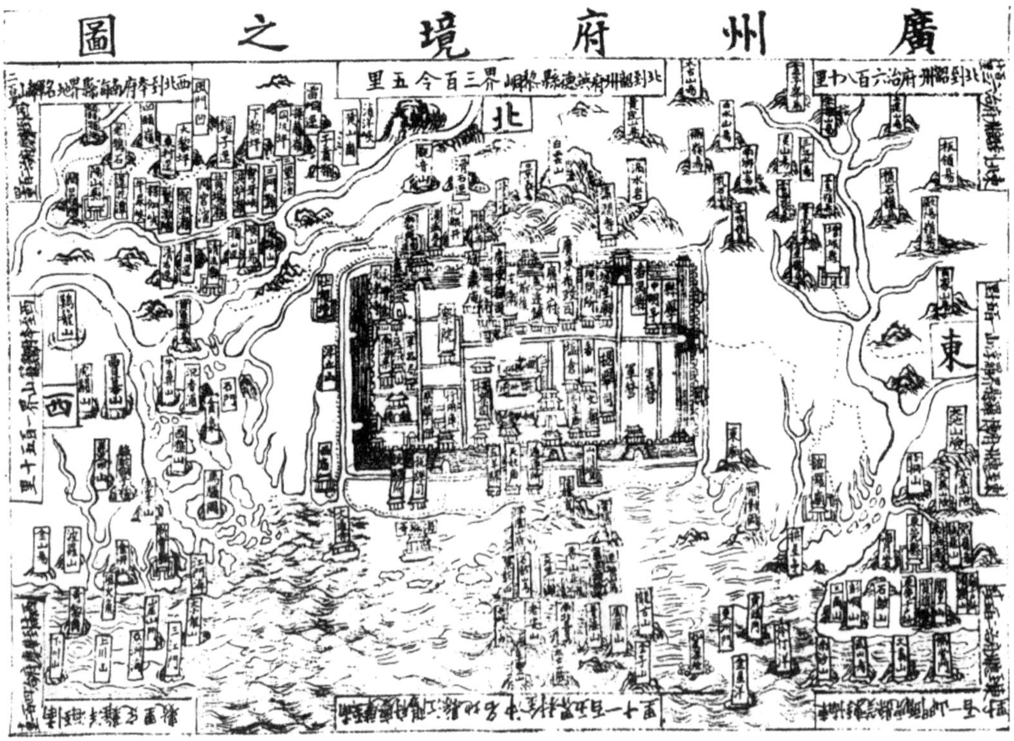

明代广州府境之图中光孝寺的位置（图片来源：明永乐六年（1408）《永乐大典·广州府境之图》）

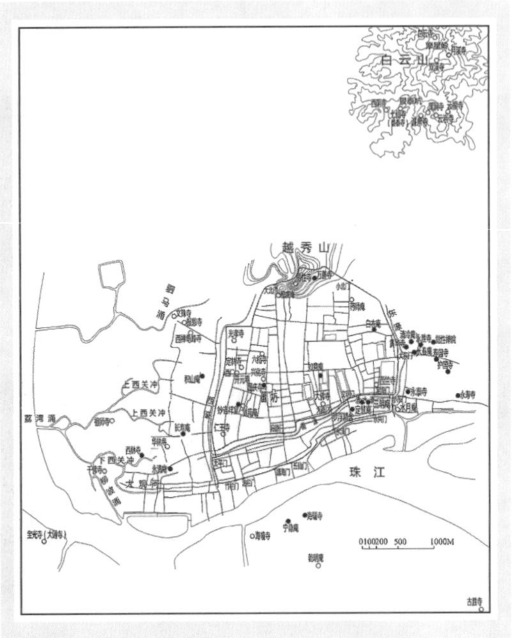

明代广州佛教寺院分布图（图片来源：何韶颖《清代广州佛教寺院与城市生活》）

1. 典仪举行之地 明清政权交替之际，清兵占领广州城是在清军入关建立清朝六年之后。在这期间，广州成为支持南明政权的义军的根据地。明末清初一些公开的抗清复明活动，都选择在这座具有明朝廷精神象征的寺院中举行。

清康熙四十四年（1705）广州府花县官员施允中所撰《重修鹫岭古寺碑》提到：

> 于岭南省会则有光孝寺，大鉴瘗发之铁塔犹存。然则建都立国，必先选一佛地，为祝圣保庶之所大系也！夫如是，夫何怪乎花邑之有鹫岭寺者哉。……一旦

广州光孝寺祝圣殿（1860年4月）

来守是邦，时振教化，应必瞻想圣容，虽去万余里，不能骏奔趋走追随，鵷鹭之行亦得于鹫岭寺之晨钟暮鼓。稍抒微诚，其在斯欤！①

言下之意，一个重要的城市，必然会选取一所佛教寺院，在施行教化的同时，一方面，祝厘颂圣，遥遥向朝廷表达忠心；另一方面，祈祷国泰民安。

光孝寺又称“祝圣道场”，当然，“祝圣道场”不是光孝寺的正式名称，不过可以反映出光孝寺作为岭南首刹的重要地位。明天启二年（1622）王安舜所撰《光孝禅寺革除供应花卉碑记》中记载，在明代每有重大节日，文武

光孝禅寺革除供应花卉碑记

① 冼剑民、陈鸿钧编：《广州碑刻集》，广州：广东高等教育出版社，2006年，第231页。

官员均到此集会祝厘颂圣，此碑在《光孝寺志》中录有全文。[①] 由此可见，在明代光孝寺已经是广州城内的官方祝厘颂圣典仪的场所。光孝寺的这种官方地位，一直延续到清代。前述的《重修鹫岭古寺碑》中提及广州城内的光孝寺为“祝圣保庶之所大系也”！而清顺治年间重修后的光孝寺大雄宝殿悬额称“祝圣殿”，亦可从旁佐证当时每年节庆日祝厘颂圣的活动，都在此举行。

光孝寺内最重要的建筑物是坐落在1.4米高石台基上的大雄宝殿，始建于

① 清·顾光、何淙修撰：《光孝寺志》卷十，《艺文志·革除供应花卉碑记》，中山大学中国古文献研究所整理组点校，北京：中华书局，2000年，第125—126页。

大雄宝殿前西南侧一隅，每逢节日香火鼎盛，大殿外有布幡装饰，显得隆重

雨后大殿一角与殿前法幢

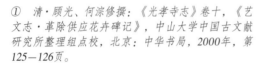

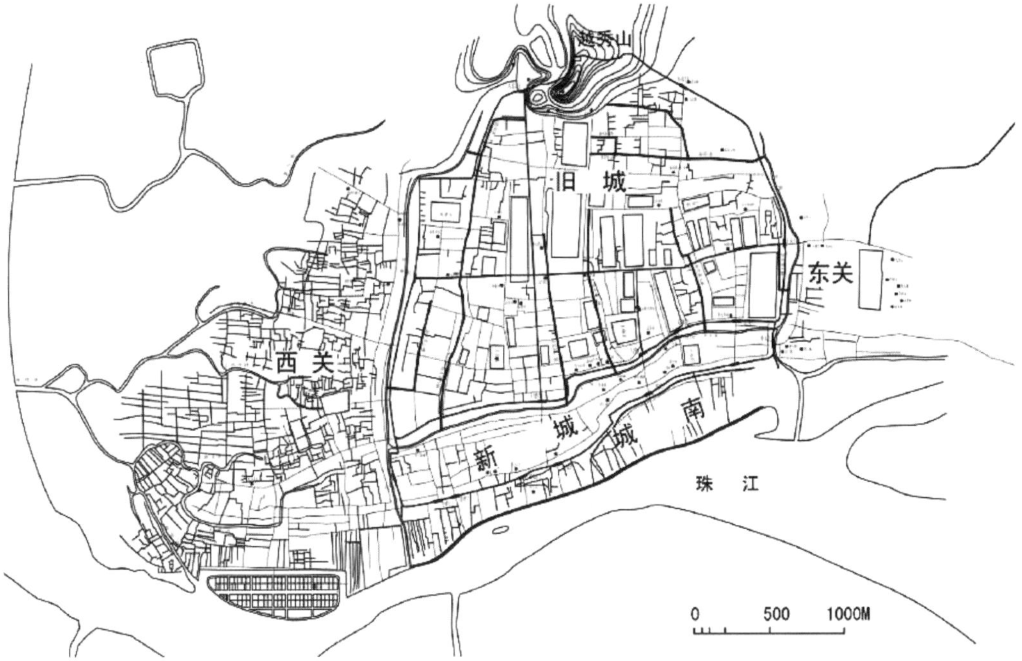

清代广州城图（图片来源：周祥《广州城市公共空间形态及其演进研究》）

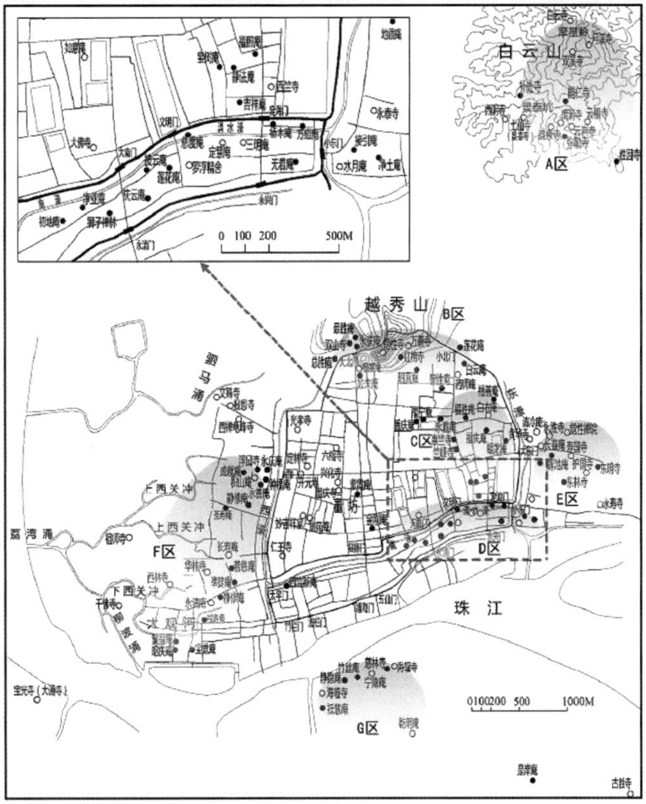

清代广州佛教寺院分布图（图片来源：何韶颖《清代广州佛教寺院与城市生活》）

《今志全图》[图片来源：民国二十二年（1933）大良版《光孝寺志》]

东晋隆安年间（397—401），原为五开间[①]。清顺治十一年（1654）重修并扩建后，面阔七开间35.36米，进深六开间24.8米，殿高13.6米，重檐歇山屋顶，建筑面积达1104平方米，其规模为岭南地区之最，其殿前的院落面积也达2600平方米，可容纳大量的人流在此聚集。因此，各种典仪举行的具体地点，可合理推测在寺内的大雄宝殿及殿前的院落广场。

这一布局在民国的寺院全景图中得到证实。从图中可以看到，光孝寺的总

《今志全图》中祝圣殿及殿前双法幢［图片来源：民国二十二年（1933）大良版《光孝寺志》］

① 开间：两根柱子之间叫一个开间，后来发展到十一开间，只有皇帝的建筑才能用九开间，其次是七开间，再次是五开间，平民百姓就只能用最小的三开间。

● 2012年，光孝寺万人诵《金刚经》

体布局为廊院式，周边廊庑环绕，中置殿宇塔阁，主体轴线上坐北朝南有三进院落。参照现场实测的数据，可以得到三进院落的具体尺寸。第一进为山门与天王殿之间，是一片进深约10米的横向狭长小院落；穿过天王殿后，进入第二进院落，院落的北端是大雄宝殿。这一进院落进深约47.3米，宽约55米，形状接近于方形，面积达2600平方米，是光孝寺内最大的院落；从大雄宝殿继续北行，即到达第三进院落，这一进同样是一横向狭长的院落，进深约为18米，宽度与第二进院落接近。在这三进院落，虽栽种了不少树木，但场地皆以石板硬地为主。从前述的光孝寺总体布局以及各种历史资料可以得知，光孝寺虽然占地宽广，寺内古木参天，但是并没有专门的寺院园林，三进院落皆以硬地为主。换而言之，光孝寺在总体布局上，为举行各种大规模的礼仪和集会提供了必要的空间条件。

清代广州『五大丛林』分布图（图片来源：何韶颖《清代广州佛教寺院与城市生活》）

2. 为乡试而搭建考棚 佛教寺院是清代广州城的重要世俗生活场所，它以其宗教性、经济性、游乐性与公共性，在市民日常生活中占据不可忽略的地位。对于佛教寺院来说，提供斋舍供士子们住宿，并不仅仅是出于善心之举。士人寄居寺院，是士绅与寺院建立关系的重要机会，为寺院未来得到这些士绅的支持、捐赠提供可能性。

广州的贡院，最早建于宋淳祐年间（1241—1252），在郡城东北二里，毁于元代。“明洪武甲子（1384），乡试于光孝寺。”[①] 明初的乡试，曾长期假借寺院或官署之地。

清代礼部规定，各省学政官出考所属的府州县，如未建有贡院的，应搭席

① 《番禺县志》卷十五《建置略二》。

棚为号舍，名曰考棚。《广州城坊志》引阮元《广东通志》对此亦有记载："明洪武甲子乡试，于光孝寺暂设棘闱，历十有六科。至宣德元年，始建于城东北隅西竺寺故址，后经兵燹圮毁。国朝初，暂于光孝寺试士，再迁于藩署。"①

从两则文献记载来看，明代从1384—1426年的将近半个世纪，以及清初相当长一段时间里，广州城没有正式的贡院，每逢举行乡试，都是借用大型佛教寺院或官署。

根据各种史料可以发现，为乡试而临时搭建的考棚，多

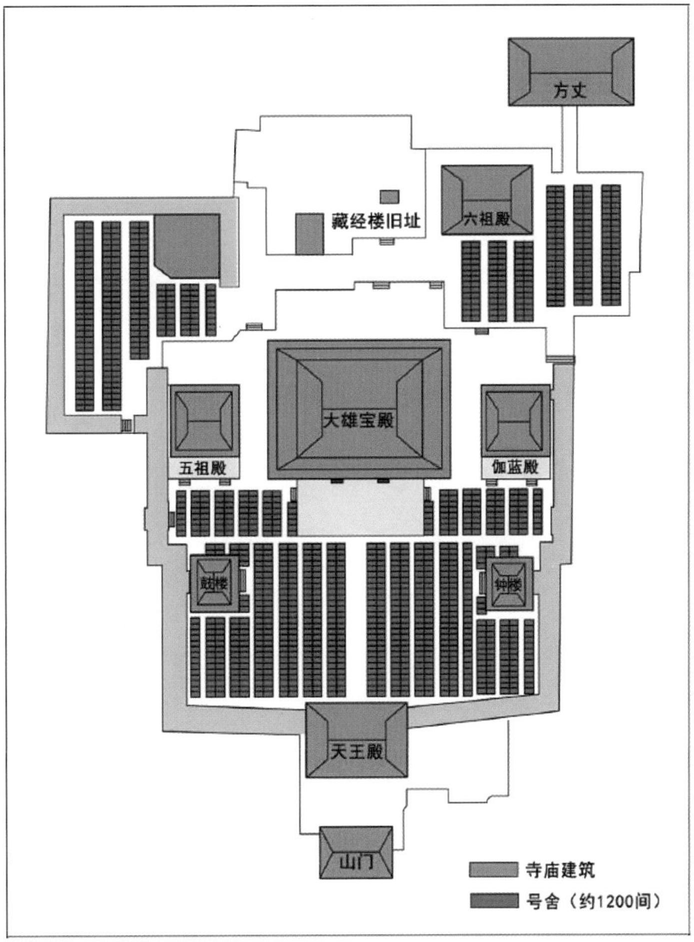

光孝寺内考棚示意图（图片来源：何韶颖《清代广州佛教寺院与城市生活》）

① 黄佛颐编纂：《广州城坊志》，仇江等点注，广州：广东人民出版社，1994年，第48页。

重要佛教寺院在清代广州城市公共生活中的地位作用及其影响因素

城市生活各个层面	地位	作用	寺院名称	影响因素	影响子因素
文化	国家级官仪之所	政权更替时的精神堡垒	光孝寺	显赫的宗教地位	岭南历史悠久的古刹
					朝廷敕封官寺
				城市区位	城市空间上的排他性
		稳定时期祝圣保庶		寺院总体布局	寺道街道延续寺院中轴线
					宽阔的硬地院落
					建筑恢宏
	大型文教场所	临时贡院	光孝寺	政治地位	广州唯一朝廷敕封官寺
				寺院总体布局	大面积空旷硬地
	文人结社场所	僧俗雅集	海幢寺 长寿寺	社会文化背景	清代广州文人结社成风
				寺院内部环境	寺院园林环境雅致
	地方教化之地	皇家法会	大佛寺	护法人的地位	平南王
		宣谕			地方官员
		募捐赈灾		城市区位	城市行政中心
		临时官衙		寺院布局制式	仿京师官寺
经济	对外通商的先行者	通洋外贸	长寿寺	城市区位	西关外贸及手工业区
				寺院住持	安南五公贵族的器重
		手工艺作坊			地方官员的支持
					多才多艺、个性狂妄
	社区经济中心	庙会庙市	华林寺	悠久历史	达摩西来初地
				城市区位	西关重要商业区
					人口密集
					宽广的寺前广场

设于光孝寺。选择光孝寺作为临时贡院原因有二，第一个原因是光孝寺是当时广州唯一受朝廷敕封的官寺；更重要的原因则是举行乡试需要相当大面积的空旷场地，而清代广州城内欠缺大范围的开阔空间，光孝寺内有宽敞的硬地广场，可以满足这个需求。

第二章 光孝寺的建置沿革及文物古迹

一　寺名变迁与格局源流

（一）寺名变迁

光孝寺在南越城的西郊，初为南越王赵佗第五代孙赵建德故宅，三国东吴时吴骑都尉、易学家虞翻[①]被流放南海，谪居于此讲学，并“废其宅为苑圃，多植苹婆、苛子。时人称为虞苑，又曰苛林。翻卒，后人施其宅为寺，扁曰‘制止’”[②]。制止本是佛家语，是佛教戒律的意思。

昙摩耶舍是光孝寺的开山祖师，东晋隆安年间（397—401）在虞翻旧宅建大殿，王苑朝延寺才是光孝寺较早的寺名。《光孝寺志》云：

> 昙摩耶舍尊者，罽宾国三藏法师也。东晋安帝隆安间来游震旦，至广州止。此时地为虞翻旧苑，尊者乃创建大殿五间，名曰王园寺。[③]

昙摩耶舍到广州来传教，其所住之白沙寺，即当时虞翻旧苑中的一座小庙，当时王园被施为佛教僧人活动场所，但并非一座完整的寺院。昙摩耶舍遂于园内创建大殿五间，改寺名为“王苑朝延寺”，又名“王园寺”，即南越王宫苑之意。这是光孝寺建大殿的最早的记载。

唐代，广州是岭南的首府，是政治、经济、文化和海上交通

---

① 虞翻（164—233），字仲翔。少好学，有高风。讲学不辍，弟子甚众。

② 清·顾光、何淙修撰：《光孝寺志》卷二《建置志》，中山大学中国古文献研究所整理组点校，北京：中华书局，2000年，第18页。

③ 清·顾光、何淙修撰：《光孝寺志》卷六《法系志》，中山大学中国古文献研究所整理组点校，北京：中华书局，2000年，第60页。

中心。这一时期，广州较著名的佛教寺院是法性寺。《光孝寺志》卷二载，光孝寺外就有一座“法性寺”，作为光孝寺的一部分：

> 法性寺，在（寺院）东北廊外。……考旧志并未载此，但光孝于唐、宋时原名乾明法性寺，或当改光孝时，留此一区为鲁灵光仅存之意耶？然法性虽属寺基，而僧则非十房，询之耆德，佥云亦从外寺迁入，盖即法华、延寿之类也。明季鼎革以来，本寺之僧挈田而出，外寺之僧挈田而入者，不可数计，既自内于光孝，则光孝亦内之而已。[①]

有学者认为，制止寺和王园寺可能在唐代合为一所寺院，名为“制止王园寺”，这才有下文的唐太宗贞观十九年（645），改“‘制止王园寺’为‘乾明法性寺’”[②]。中山大学中国古文献研究所整理组点校者对该句的句读是将制止王园看作一寺。其实，此句当可标点为“改制止、王园为乾明、法性寺”。如乾隆《南海县志》就记载，“唐贞观间，改制止、王园二寺为乾明、法性”[③]。就是说此处的乾明、法性当为两座寺庙，贞观年间改制止寺为乾明寺，改王园寺为法性寺。唐仪凤元年（676），惠能[④]就祝发于法性寺。会昌法难结束后，佛教开始复兴，唐大中十三年（859）复改为“乾明法性寺”[⑤]。宣宗只是把西云道宫恢复为原来的乾明寺与法性寺，这里的乾明、法性仍为二寺。宋建隆三年（962），改“法性寺为乾明禅院”[⑥]。乾明、法性本为二寺，此时改法性寺为乾明禅院，看来将二寺合二为一。[⑦] 由此才有后来遂锡“乾明”之号。此后再未用“法性寺”之名。

而在1963年广东曲江南华寺相继发现了北宋庆历年间木雕罗汉像，此批木雕罗汉像雕造于宋庆历五年至八年（1045—1048），而仍用“法性寺”之名。而且，建隆三年广州为南汉兴王府，南汉是与宋敌对的，宋太祖怎能在此时给此寺改名？可见《光孝寺志》记载有误，木雕罗汉铭

---

① 清·顾光、何淙修撰：《光孝寺志》卷二《建置志》，中山大学中国古文献研究所整理组点校，北京：中华书局，2000年，第34—35页。

② 清·顾光、何淙修撰：《光孝寺志》卷二《建置志》，中山大学中国古文献研究所整理组点校，北京：中华书局，2000年，第19页。

③ 黄佛颐编纂：《广州城坊志》，仇江等点注，广州：广东人民出版社，1994年，第382—383页。

④ 关于禅宗六祖的名字，在相关的文献、碑刻、题记等以及现今出版的书籍中，莫衷一是，历来有两种通用的写法——“慧能”“惠能”。而这两种写法在文献、碑刻、题记等资料中均可见到，且在古代文字中“惠”“慧”二字通用。其人得名的来历又有两种说法：第一种缘由是“惠者，以法惠济众生；能者，能作佛事”。第二种缘由是“不着文字，直指人心”，故此“慧能”“惠能”无正误之分。本书中所用引文、题记等遵从原文献所写的六祖名字，本书不对“惠能”或“慧能”二名进行统一。

⑤ 清·顾光、何淙修撰：《光孝寺志》卷二《建置志》，中山大学中国古文献研究所整理组点校，北京：中华书局，2000年，第20页。《南海县志》则均记载为“宣宗复乾明、法性”。（转引自《广州城坊志》第383页）《广州府志》卷24亦记为：“宣宗复改为乾明、法性。”

⑥ 清·顾光、何淙修撰：《光孝寺志》卷二《建置志》，中山大学中国古文献研究所整理组点校，北京：中华书局，2000年，第20页。

⑦ 《大明一统志》中的记载说，“乾明、法性二寺，宋合为一”。转引自《广州城坊志》第377页。

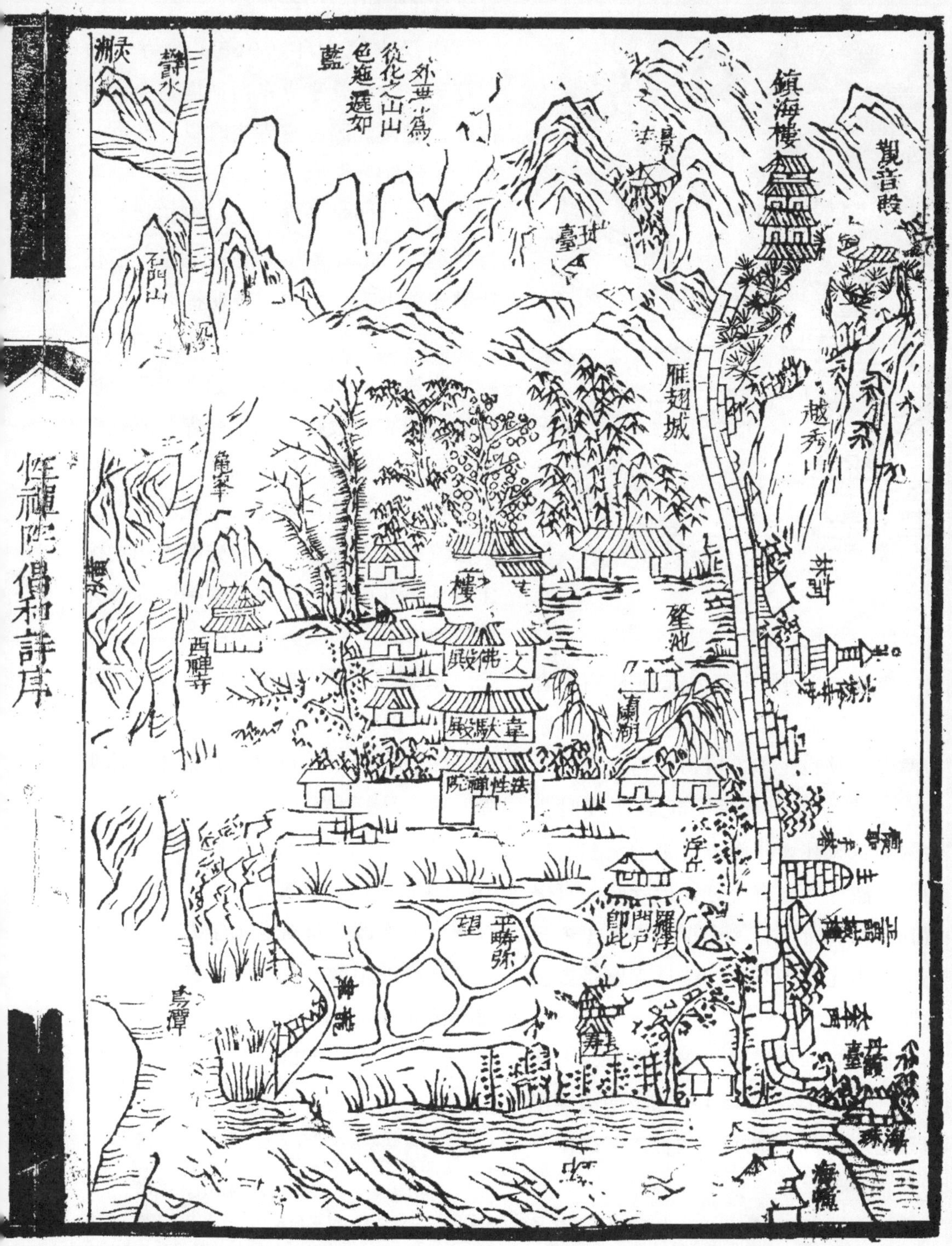

《法性寺图》除记载法性寺的建筑外，还有广州光孝、六榕、西禅、长寿、景泰等寺院的位置（图片来源：徐作霖、黄蠡《海云禅藻集》）

法性寺与达摩井（图片来源：清·顾光等《光孝寺志》）

文可订正寺志之误。

乾明、法性二寺在宋初时一度合并，徽宗崇宁二年（1103）以后，又擘为两寺，政和元年（1111）再次合二为一，《南海百咏续编》记载明代时仍为两寺，《驻粤八旗志》则说清初复划为二。法性寺虽有合分，但寺院一直保留到清初。所以，《光孝寺志》（未刊稿）认为光孝寺东界的法性寺就是古法性寺。

唐武宗即位以后，崇信道教，大肆毁佛，会昌五年（845）改“乾明法性作西云道宫”[①]。将乾明、法性二寺改作西云道宫。西云道宫恢复佛寺以后，西云宫之名在宋代仍然存在。

南汉大宝六年（963）改寺名为“乾亨寺”。乾亨寺东西铁塔是今天的称呼，有误。因乾亨寺当时只有铁塔一座，今名西铁塔。

宋景祐四年（1037），下诏“并寺为祖堂”，此祖堂为六祖殿[②]。从“后住持僧守荣上言，复赐‘乾明禅院’额。祖堂仍旧”[③]的记载来看，此时将祖堂并入乾明禅院，祖堂建筑是独立于乾明禅院的。明宪宗敕赐“光孝禅寺”匾额以来，光孝禅寺的地位和社会影响日益扩大，祖堂很自然地就并入了光孝禅寺。从祖堂的位置来看，它与光孝寺的主体建筑并不在同一中轴线，这是二寺合并形成的格局。

宋崇宁二年（1103），改“乾明禅院”为“崇宁万寿禅寺”[④]。

宋政和元年（1111），诏“改乾明寺”为“天宁万寿禅寺”[⑤]。

北宋时期，道教发展胜于佛教，当时广州许多寺庙被改为道观。而天宁万寿禅寺再次改为道观；天宁万寿宫就是一个标准的道教宫观名字。其实，寺名与宋皇室的崇道有关。

宋绍兴七年（1137），“诏改天宁

① 清·顾光、何淙修撰：《光孝寺志》卷二《建置志》，中山大学中国古文献研究所整理组点校，北京：中华书局，2000年，第20页。

② “六祖殿，宋大中祥符间，郭重华建，扁曰‘祖堂’”。见载于黄佛颐编纂：《广州城坊志》，仇江等点注，广州：广东人民出版社，1994年，第388页。

③④⑤ 清·顾光、何淙修撰：《光孝寺志》卷二《建置志》，中山大学中国古文献研究所整理组点校，北京：中华书局，2000年，第20页。

大雄宝殿门额『光孝禅寺』与憨山德清撰联：禅教遍寰中兹为最初福地，祇园开岭表此是第一名山

万寿禅寺作报恩广孝禅寺”[①]。

宋绍兴二十一年（1151），“易‘广’字为‘光’字，‘苛林’为‘诃林’”[②]。“广”字与“光”字本可相通，所以寺名就变成“报恩光孝禅寺”。明人区大相所书“诃林”匾额则至今悬挂寺内，一直沿用。

《光孝寺志》记载，明成化十八年（1482），敕赐“光孝禅寺”匾额。崇祯十三年（1640）张悰修《寺志》时就称作光孝寺，清代修志时仍称光孝寺。

1961年，光孝寺被国务院公布为全国重点文物保护单位。1986年，光孝寺作为宗教活动场所对外开放时仍沿用“光孝寺”一名。不过，光孝寺一般也称为“光孝禅寺”。现在山门外悬挂的

《光孝寺志》载：大门匾『诃林』两个大字，明翰林宫坊高明区大相（1549—1616）手书于万历四十年（1612）正月，迄今已有四百余年。如今悬挂在大门内侧，高1.3米，宽2.8米，木质地

①② 清·顾光、何淙修撰：《光孝寺志》卷二《建置志》，中山大学中国古文献研究所整理组点校，北京：中华书局，2000年，第20页。

光孝寺大殿佛台香炉刻字：光绪十七年（1891）光孝寺

刻有“光孝禅寺”字样的香炉

“光孝寺”匾额是由中国佛教协会前会长赵朴初题写的。

在中国佛教史上，一座寺院有如此众多的名称和如此频繁的分合现象实属少见，而这恰好从侧面反映了光孝寺重要而特殊的地位。

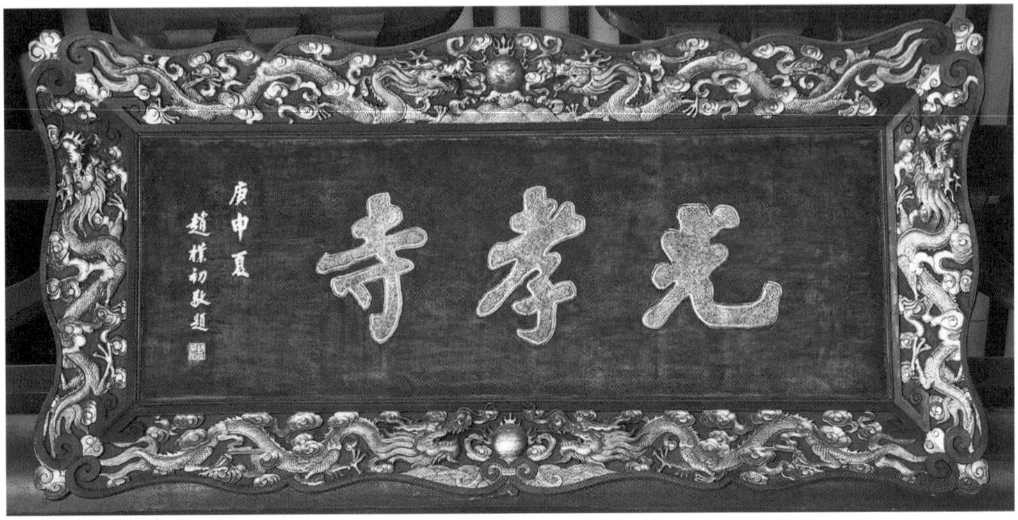

赵朴初会长题写的匾额

20世纪90年代光孝寺山门鸟瞰图

（二）格局源流

1. 古之光孝寺

光孝寺开创了华南建筑史上独有的风格和流派。唐宋时期，北方文化大举南进，从中原南下的移民将大木构架建筑体系传入粤地。在此阶段，广州建筑形象和造型语汇与北方文化主流几乎同步。

光孝寺最初的建筑格局，是家庭院落的布局，这从“后人施其宅为寺”的说法可以看出端倪。可以肯定的是直到东晋，光孝寺一直没有大殿。最初对光孝寺建筑加以改造和完善的，是来自国外的高僧昙摩耶舍，他是光孝寺的开山祖师。昙摩耶舍在广州的弘法事业相当顺利，信徒越来越多。制止寺没有大殿，容纳不下那么多信徒前来听讲，于是昙摩耶舍便在制止寺内创建大殿五间，就是今天光孝寺大雄宝殿的前身。

《光孝寺志》载：“伽蓝殿三开间，在大殿东。……五祖殿三间，在大殿西。”[①]图中大殿东西两侧均见三开间

① 清·顾光、何淙修撰：《光孝寺志》卷二《建置志》，中山大学中国古文献研究所整理组点校，北京：中华书局，2000年，第24页。

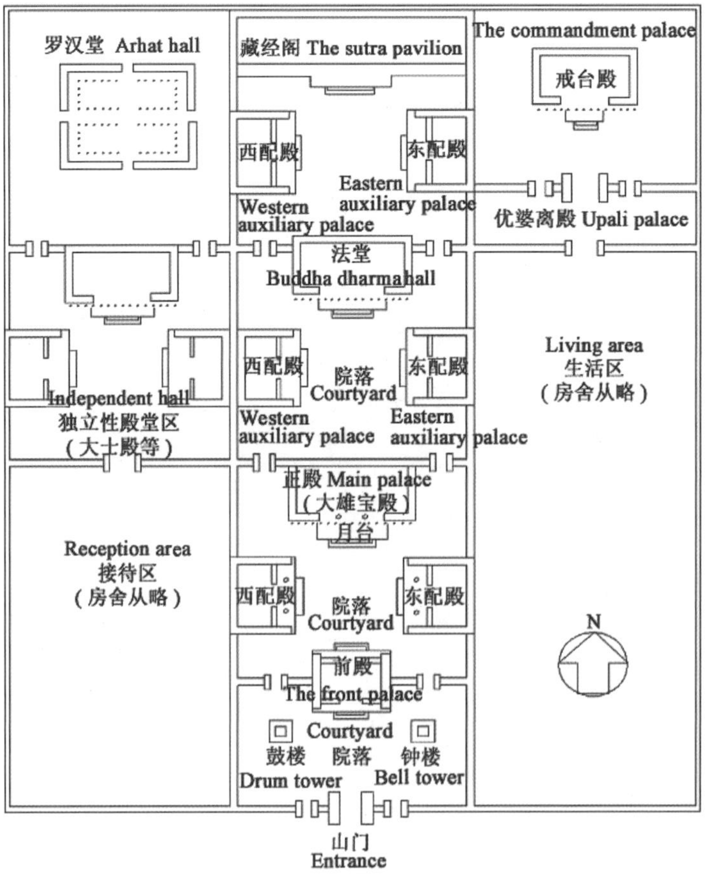

● 伽蓝七堂布局图

光孝寺殿堂建筑平面形式比较

建筑	面阔（唐大尺1尺≈31.45厘米）				进深（唐大尺1尺≈31.45厘米）			阔深比
	心间	次间	梢间	尽间	心间	次间	梢间	
大雄宝殿	629	612	455	383	400×2	455	383	1.425：1
	20尺	19.5尺	14.5尺	12.5尺	13×2尺	14.5尺	12.5尺	
六祖殿	553	354	346		702	345		1.403：1
	18.5尺	12尺	11.5尺		23.5尺	11.5尺		
伽蓝殿	559	314			578	314		0.984：1
	18尺	10尺			18.5尺	10尺		

● 图为光孝寺大雄宝殿。大殿东西两侧分别是伽蓝殿和五祖殿。[图片来源：王次澄等编著《大英图书馆特藏中国清代外销画精华》(第三卷)]

建筑，正是伽蓝殿（今泰佛殿）和五祖殿（今卧佛殿）。伽蓝殿在明代经过三次重修，修建日期不详。五祖殿供奉禅宗初祖达摩至五祖弘忍，在明代经过六次重修，修建日期不详。

清代光孝寺殿堂曾经过一次大修：嘉庆五年（1800），清进士翰林院庶吉士欧阳健在《重塑光孝寺佛像题名记》（现碑在东铁塔殿内墙壁上）中提到，嘉庆年间，光孝寺内三宝佛祖以及十八罗汉、韦驮、诸天四大菩萨、诸尊侍者、毗卢佛、弥勒佛、观音、睡佛、五祖、六祖、金刚、伽蓝等神像，外层的金身有剥落，江西人杨添茂、安徽人李广裕有意进行重新装塑，但考虑到工程浩大，个人财力难以支撑，因此由寺僧发布劝募书，广募四方捐助。该工程兴工于嘉庆元年（1796）五月，迄工于嘉庆二年（1797）九月，所耗费的大量人力物力可想而知。①

王士祯（1634—1711）在《广州游览小志》中称光孝寺："粤城内外古道场，以光孝为第一，气象古朴。"文中对光孝寺建筑有如下描述：

> 今祝圣殿，昙摩耶舍遗迹也。有米元章书三世佛名。稍北，为六祖殿，前为菩提坛，坛侧为发塔，其东南为达摩井，西为五祖殿，循廊而东，为

① 冼剑民、陈鸿钧编：《广州碑刻集》，广州：广东高等教育出版社，2006年，第147页。

1909年，光孝寺瘗发塔

1928年，日本人常盘大定一行所拍光孝寺瘗发塔

● 光孝寺出土的东汉陶罐，胎呈灰色，深腹，直壁，平底

● 光孝寺出土的唐代釉陶供养塔，灰胎，施青釉，平面呈六角形，塔基由基底和三级基台构成，塔身分三层，仿楼阁式，首层开龛，龛内塑坐莲佛像；攒尖顶，塔刹残

● 1928年，日本人常盘大定一行所拍光孝寺菩提树下之碑殿

● 光孝寺出土的宋代瓷黑釉盏，灰胎，施黑釉，外底露胎，厚釉，玻化较好，葬口，矮圆足

> 风幡堂，堂前有池泓然。又东有伪汉（南汉917—971）铁塔……又东为译经台、洗砚池、房融笔授首楞严处。西廊复有一塔，规制差小。①

除王士祯所述及的建筑外，依据《广州城坊志》的记载，光孝寺尚有“碧照堂”“金塔”“石签筒”“睡佛阁”“毗卢殿”“法幢”“大殿”“大悲幢”等建筑。

● 民国时期的睡佛阁，门左原联为“普渡（度）众生大悲心”（图片来源：程建军、李哲扬《广州光孝寺建筑研究与保护工程报告》）

① 清·王士祯著：《广州游览小志》，北京：中华书局，1985年，第1页。

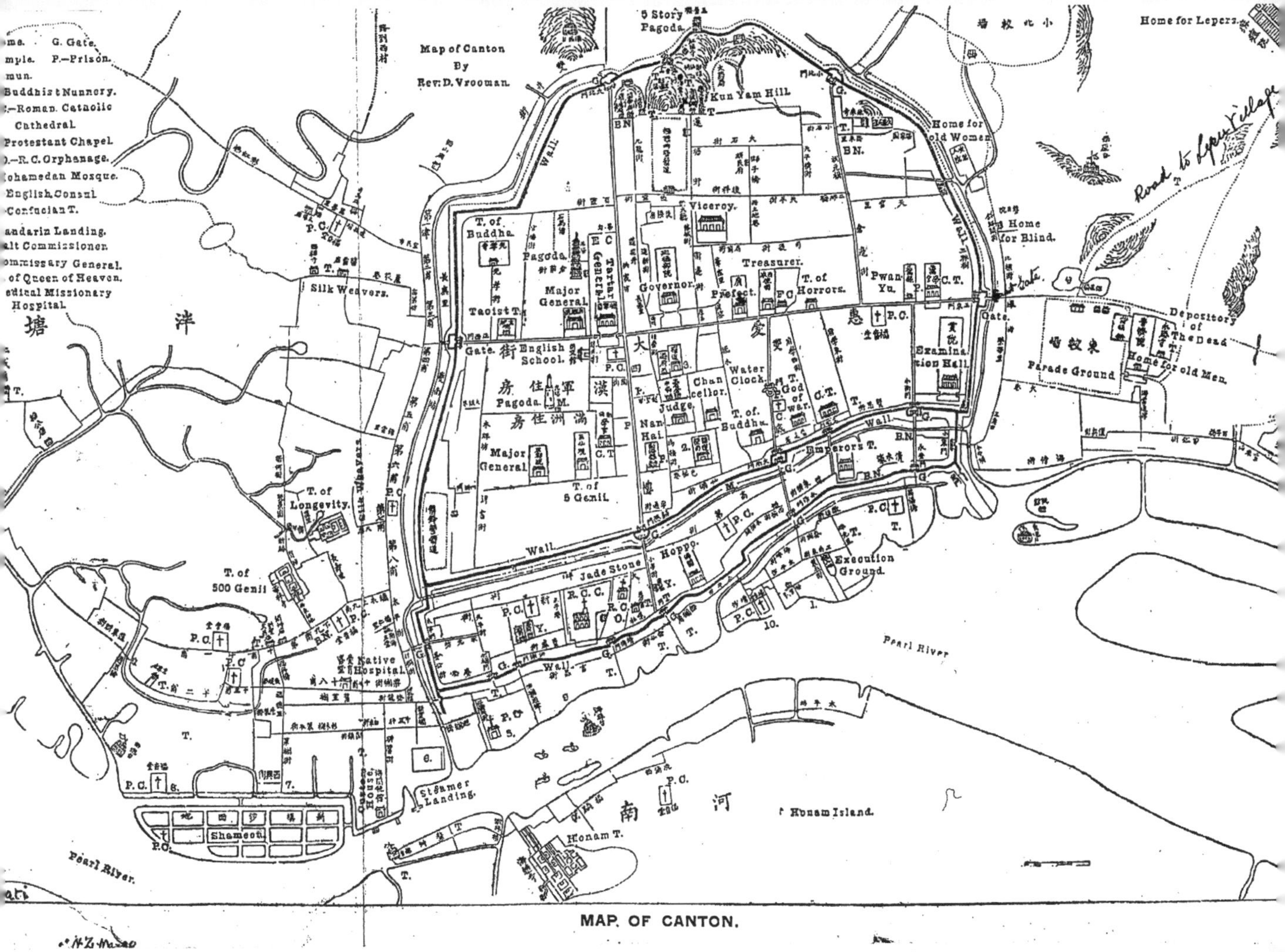

美国传教士Rev Daniel Vrooman于1860年绘制的广州地图。清咸丰年间美国人富文之妻绘《广东省城图》，原图藏国家图书馆（图片来源：广州市规划局、广州市规划建设档案馆《图书城市文脉——广州古今地图集》）

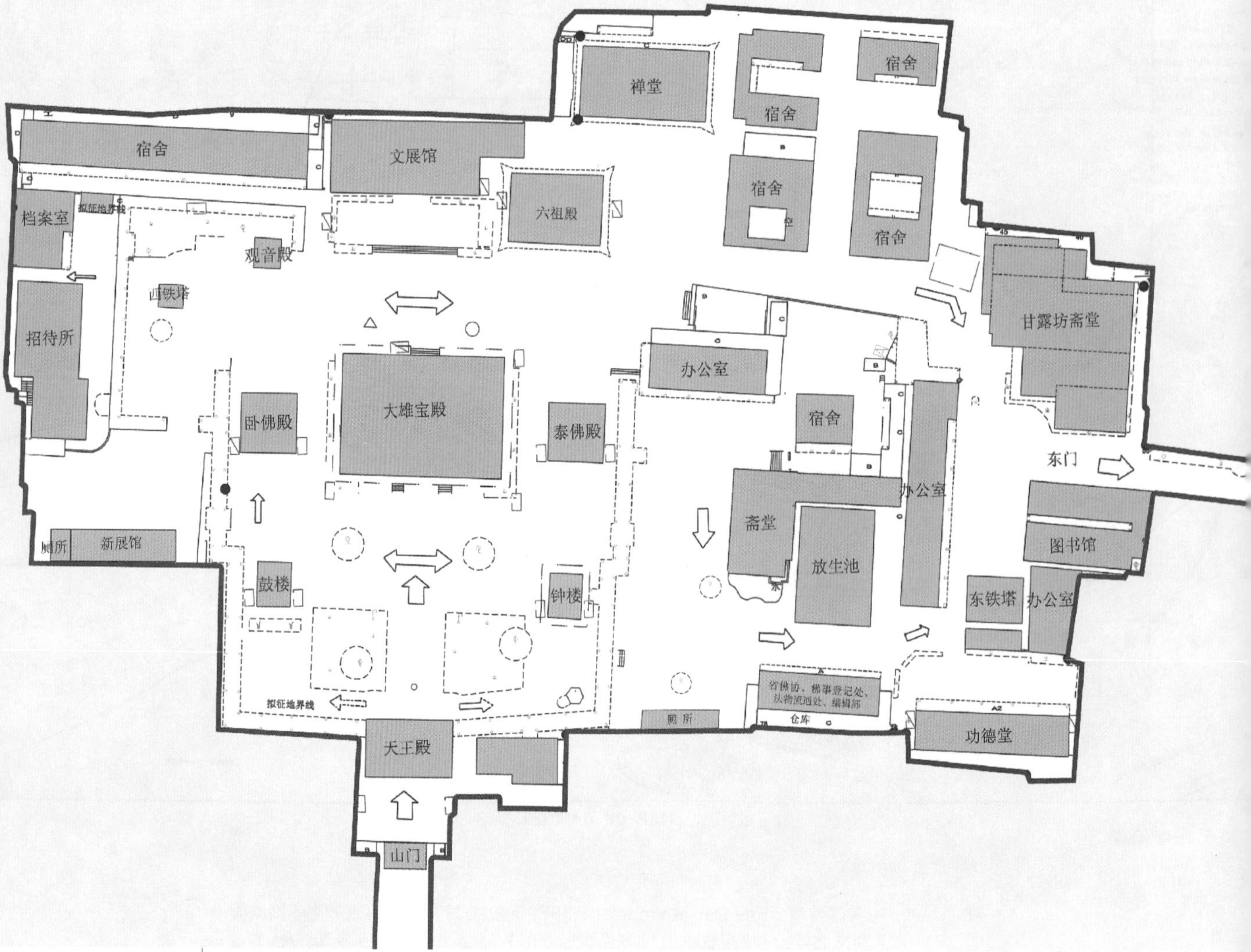
禅堂
宿舍
宿舍
宿舍
宿舍
宿舍
宿舍
文展馆
六祖殿
档案室
拟征地界线
观音殿
西铁塔
招待所
甘露坊斋堂
办公室
卧佛殿
大雄宝殿
泰佛殿
宿舍
东门
斋堂
办公室
放生池
图书馆
厕所
新展馆
鼓楼
钟楼
东铁塔
办公室
拟征地界线
厕所
仓库
功德堂
天王殿
山门

光孝寺平面图

光孝寺鸟瞰图

2. 今之光孝寺

今之光孝寺处于净慧路以北、东风东路以南、人民北路以东、海珠北路以西的地带，占地总面积约3.15万平方米，寺院地势前低后高，现有殿、堂、阁、楼、室、幢、塔、廊、池、井等建筑约40处。光孝寺坐北朝南，中轴对称，如果以“禅堂—东回廊”一线作为分割线，将整个光孝寺划分为东西两个区域，其中“禅堂—东回廊”以西为西区，以东则为东区。西区是现光孝寺的寺庙主体区域，现存的各个古建筑集中分布在其中；而东区可看作寺庙的附属区域，其中分布的建筑多为现代建筑或现代仿古建筑。

光孝寺大殿山尖，与六祖殿不同，无须安通风窗

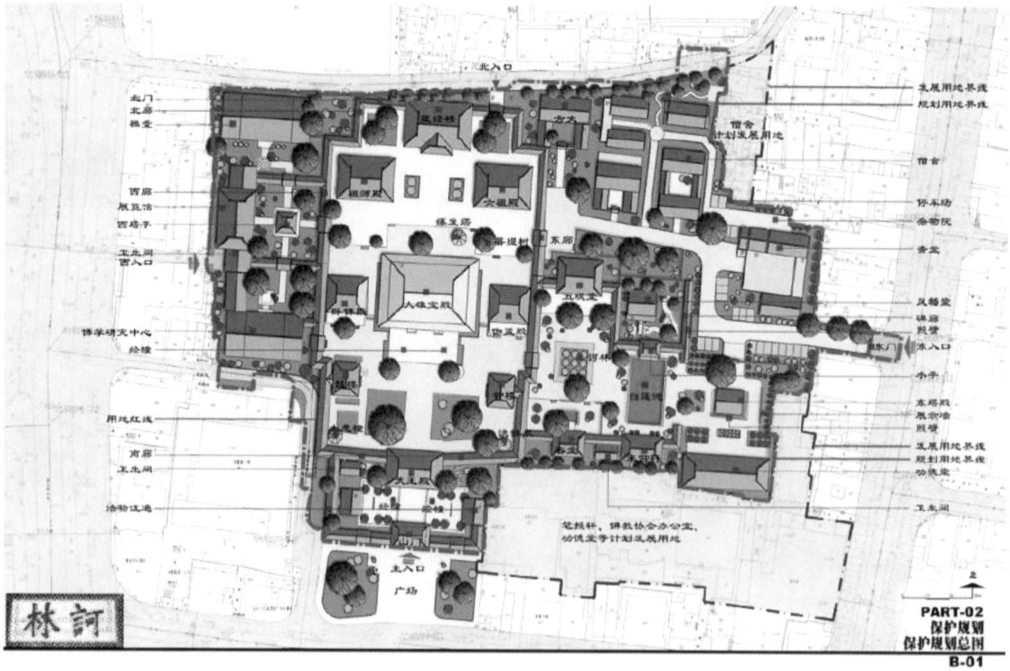

光孝寺保护规划总平面图

西区内的主体建筑格局大致符合中国古代寺庙的空间布局，其中正门中轴线上由南往北分布的建筑依次主要有：山门（山门前面有一广场）、天王殿、大雄宝殿、瘗发塔[①]、法堂（藏经阁）等；中轴线以西分布着西回廊、大悲幢、伽蓝殿（鼓楼）、卧佛殿（睡佛殿）、西铁塔、观音殿（为一个临时的棚舍建筑，正式殿宇正在筹建中）、方丈室、旧招待所等；中轴线以东则有客堂（接待室）、广东省佛教协会办公楼、达摩碑、洗钵泉、地藏殿（钟楼）、泰佛殿、东回廊、菩提树、六祖

六祖殿悬鱼、山窗及木棉花（摄影：宽德法师）

① 唐仪凤年间（676—679）住持僧法才和僧印宗先后于寺内建风幡堂和瘗发塔。

在白莲池旧址建起的放生池

殿、禅堂等；再往东是本焕纪念堂（风幡堂旧址处）、放生池、斋堂、洗砚池、功德堂和东铁塔等。西区内种植有百年以上的诃子树、300年以上菩提树、大榕树以及葱郁的草木等。

东区主要是寺庙僧人的日常生活区，其内分布的主要建筑有编辑部、佛事登记处、法物流通处、斋堂（食堂）、放生池、香积厨（厨房）、功德堂、东铁塔、阅览室、菩提甘露坊、云

《般若波罗蜜多心经》墙，光孝寺方丈、明生法师书

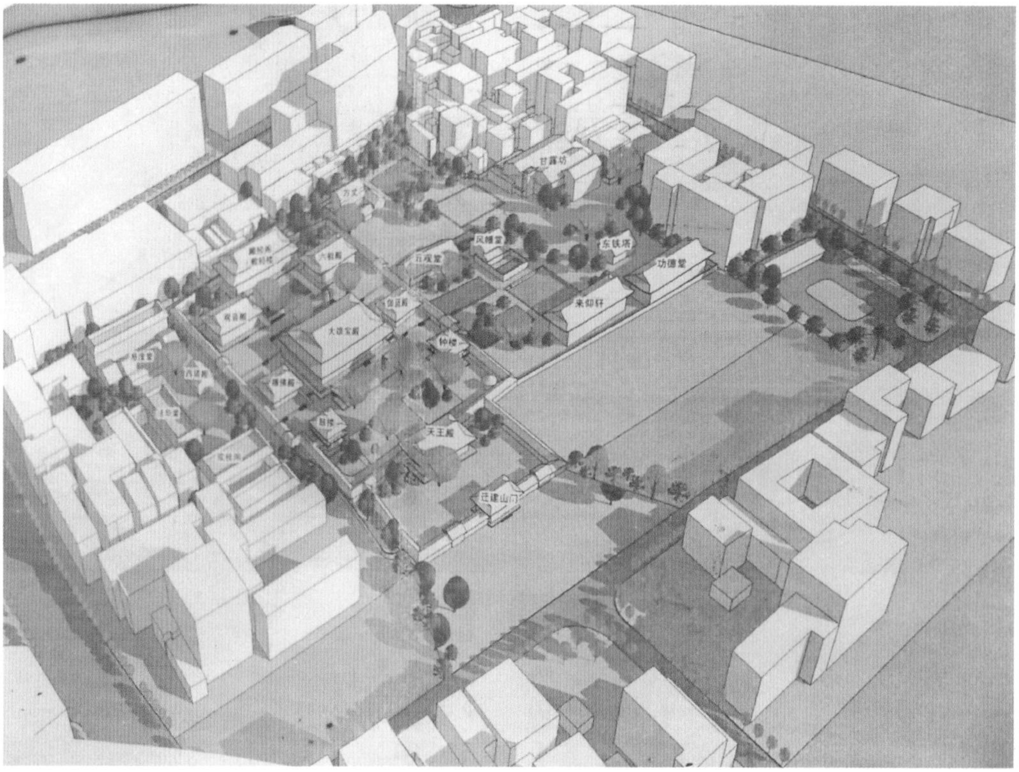

广州光孝寺3D效果图

水堂（上客堂）、库房（办公室）、僧寮（僧舍）等。海珠北路有一侧门为光孝寺后门，可供义工、香客、食客和寺内僧侣及车辆免费进出寺庙。寺庙其他设施：山门前扩建有一个面积约2000平方米的广场（建于2001年）；广场东南方、净慧路以南新设有光孝寺地下停车场。

光孝寺是广州佛教寺院中规模最大的一座，院落布局呈对称式，强调轴线的纵深感，寺院空间层次丰富，等级分明，具有典型的禅宗寺院特点。光孝寺内文物建筑发挥了其使用功能，且保护较完好，保护区内其他建筑与文物建筑的建筑形制和风格统一。寺内不仅有丰富的建筑景观，还有众多古井、古树，还新建了莲花池、放生池。开阔的庭院环境兼具岭南寺院的园林化特色。在建筑组合上加强了进深轴线方向的空间层次，衬托主体建筑，大力提升建筑装饰效果。

光孝寺最近的一次大规模重建、重修工程始于1986年，竣工于1992年。主要重修、重建了寺内的大雄宝殿、卧佛殿、泰佛殿、钟楼、鼓楼等。

光孝寺的重修、重建一直是在原址上进行的，历代反复重修、重建的大雄宝殿、卧佛殿、泰佛殿、钟楼、鼓楼

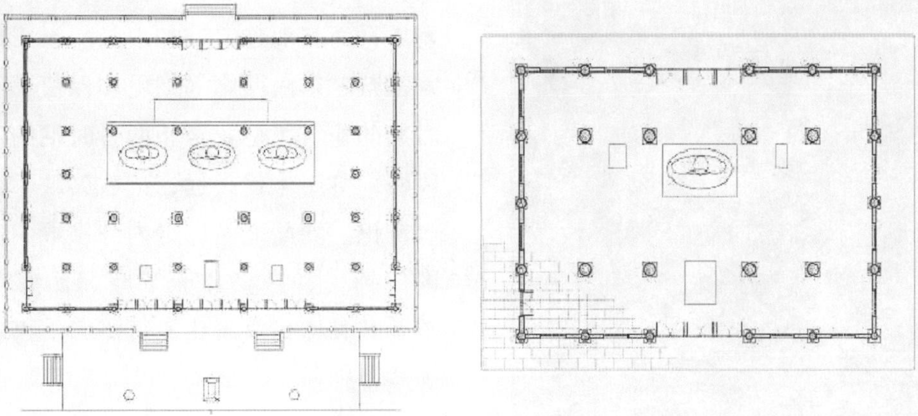

光孝寺殿堂平面图

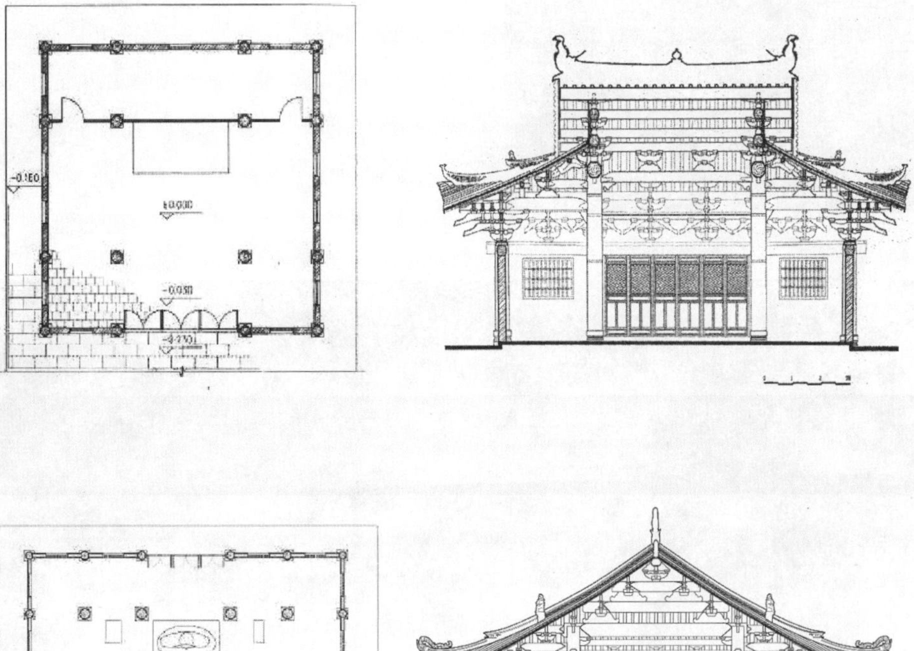

光孝寺伽蓝殿平面图、剖面图

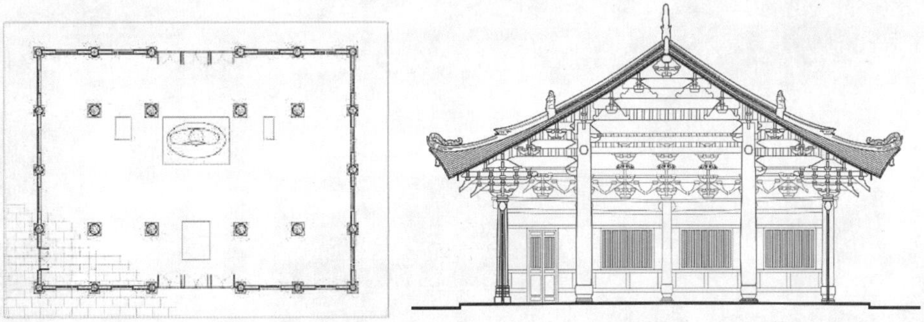

光孝寺六祖殿平面图、剖面图

（光孝寺殿堂建筑图纸均出自《广州光孝寺建筑研究与保护工程报告》）

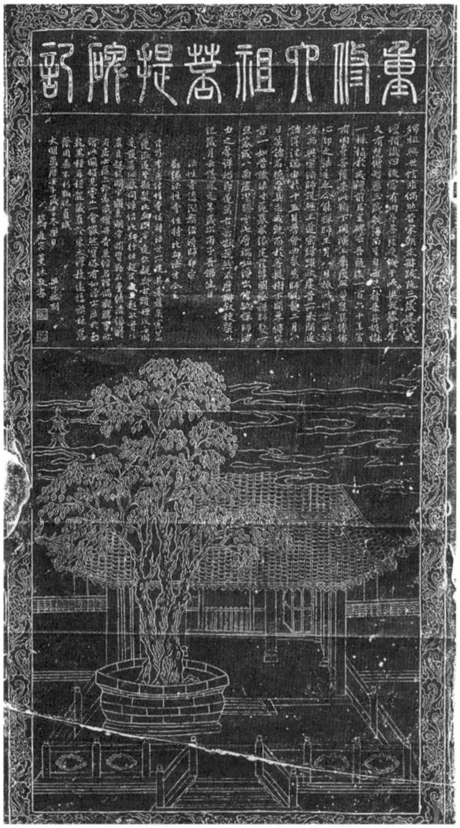

《重修六祖菩提碑记》

等建筑延续的是唐宋时期的建筑风格；明崇祯九年（1636）仿唐时原物重建瘗发塔；而其他建筑，如山门、天王殿、六祖殿、东西回廊等则更多保留了明清时期的建筑风格。至于两晋时期的建筑风格，鉴于年代久远，记载欠缺，尚难以辨识。除此之外，寺内卧佛殿、伽蓝殿、钟楼、鼓楼、天王殿、回廊等建筑，其具体建筑年代不可详考。再者，寺院中轴线最北者为“法堂”（属临时建筑）。史载，南北朝寺院中已有“法堂”之设。嗣后，法堂成为寺院中必不可少的一种建筑类型，其滥觞或始于南朝时。

法堂（临时搭建物）

二　魏晋南北朝时期的光孝寺

魏晋南北朝时期是佛典汉译的重要阶段，流传汉地的佛经大部分是在这一时期传入并翻译过来的。六朝时建康（今南京）是佛经翻译的一个中心，这里的佛经有的是僧人从北方带来的，也有的是僧人经海路携来的。

三国时广州成为中国南方的佛教中心，与洛阳、建康并列为全国三大译经中心。又由于广州政局比较稳定，经济实力比较雄厚，能鼎力支持佛门各项事业，佛教各时期的经典可以在广州翻译，使得佛门诸宗各派在广州交流碰撞。

在魏晋南北朝长达三百多年的时间里，岭南佛教得到了较大的发展。佛教的传播与发展以粤中的番禺（今广州）和粤北的始兴郡（今韶关）为两大基地，并未形成大范围传播的局面，尚处于初步发展阶段。岭南最早的佛教寺院，始建于魏晋时期，该时期广东的佛教寺院主要分布在粤中的番禺，所建佛寺计有三归寺、仁王寺、白沙寺、王园寺四座，粤北地区的始兴郡曲江县所建佛寺计有灵鹫山寺一座，粤东、粤西未见有佛寺分布。

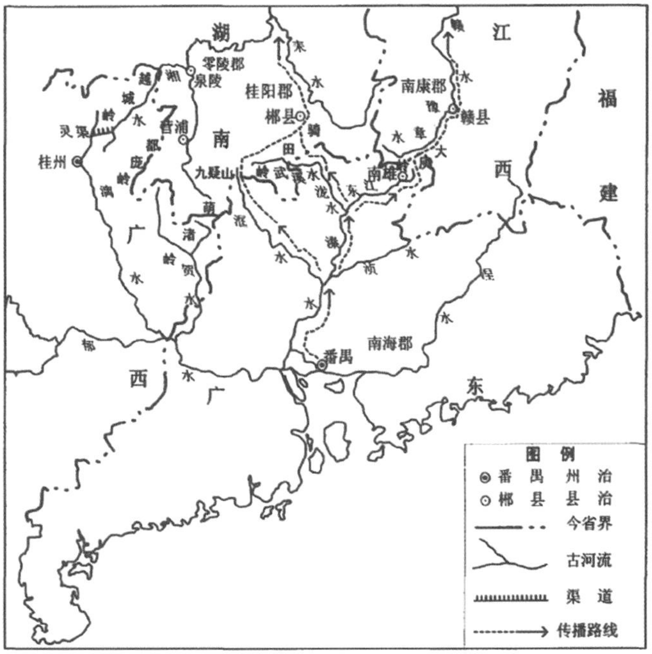

魏晋南北朝广东佛教传播路线图（图片来源：徐强《魏晋南北朝广东佛教的传播与分布》）

● 清顺治十一年（1654），广州光孝寺大雄宝殿重修，其建筑规模仍沿袭唐制

大雄宝殿

佛寺建筑群中的主要建筑一般称“大雄宝殿”，亦时常简称“大殿”。南朝宋时期的光孝寺有三座建筑，分别是大殿、戒坛和毗卢殿。这是早期汉地佛寺建筑中重要的组成部分。但南朝寺院中未有“大雄宝殿”之设，是可以肯定的。

● 外销画中的光孝寺大雄宝殿

大雄宝殿始建于东晋，原大殿面阔为五间，单檐歇山顶。这座大雄宝殿千年来经过多次重修、重建，自宋以来的重修，有文献可考的就有宋代政和、绍兴、淳祐，元代大德，明代永乐、嘉靖、崇祯，清代顺治、道光各个年间共十多次。南宋咸淳五年（1269），大殿曾被火焚毁一部分，重修部分有没有包括大殿，无史可查。有史记载的两次重建，一次是在平（平南王尚可喜）、靖（靖南王耿继茂）两藩入粤后的清顺治年间，一次是在1979年。

其中，清顺治十一年（1654）由东莞人蔡元正捐资重修一次。蔡元正捐资万金，平南王尚可喜、靖南王耿继茂亦捐资重修光孝寺大殿，这次便将昙摩耶舍原建的五开间殿宇扩建至七开间，额曰“祝圣殿”，重檐九脊歇山顶，为岭南最雄伟巍峨的大殿。事毕，僧澹归金堡撰有碑记。后来的一次重修为“道光十二年全殿佛相装金”[①]。大殿虽经历代重修和清代扩建，但规制仍保持原构，具有岭南古代建筑特色。因此，光孝寺大殿的现存建筑在不可避免地含有不同朝代的建筑手法的同时，保存较多宋代建筑手法。

民国时期，光孝寺大殿有旧塑大佛像三尊，其殿壁旧有米芾榜书佛号木刻，悬挂殿屏，文曰“释迦文佛”“弥勒尊佛”“阿弥陀佛”[②]，翁方纲《粤东金石略》“宋米元章书三世佛名”曰：“寺有米元章书三世佛名，凡十二字。在祝圣殿梁间，附记于此。”今人

宋代光孝寺大雄宝殿中，米芾书「弥勒尊佛」「释迦文佛」佛号木刻

① 清·顾光、何淙修撰：《光孝寺志》卷一《法界志》，中山大学中国古文献研究所整理组点校，北京：中华书局，2000年，第11页。

② 罗香林著：《唐代广州光孝寺与中印交通之关系》，《广州光孝寺之沿革》，香港：中国学社，1960年，第30页。

1909年，光孝寺大雄宝殿

1928年，日本人常盘大定一行所拍光孝寺大殿内三尊佛像

大雄宝殿（1955年，华南理工大学存）

补注谓：祝圣殿今已不存。今人陈以沛撰文《羊城米三宝的尊容与遭遇》云："米芾为光孝寺题书分别是'阿弥陀佛''释迦文佛''弥勒尊佛'。各刻在逾一平方米之木匾上，并排挂在光孝寺大殿上。1958年'破除迷信'声中，被责令卸下，行将毁之。寺僧仲来大师将其藏入睡佛楼中。后转送六榕寺藏经阁收藏。在'文化大革命'期间被抄出烧毁。现广东省立中山图书馆特藏部收藏有该匾之拓片。"① 这三尊大佛就是三世佛。而目前殿内供奉的是"华严三圣"与尊者，大殿内两侧没有供奉十八罗汉，但据1928年日本常盘大定所拍大殿罗汉照片可知，当时殿内有供奉十八罗汉，而今不知是遵循旧制还是新制，无文献可考。

大雄宝殿内柱于20世纪50年代维修时改为钢筋混凝土，仍仿梭形。殿内佛像于1951年被毁。

1979年，大雄宝殿再次重建，重建后的大雄宝殿仍然沿革大殿旧制，匾曰"敕赐光孝禅寺"。现存大雄宝殿为重檐歇山顶殿堂式建筑，金碧辉煌，坐北朝南。大殿现东西面阔七间约36米，② 南北进深六间约25米，③ 高约13.6米，是殿堂等级中较高的屋顶。殿内柱网规整，平面布局整体呈现"金箱斗低槽"形式，内外两周檐柱，其中外檐柱20根，内檐柱10根，金柱8根。柱础均为石制，分为大斗形和圆柱状两种；柱身呈圆柱状，采用中间粗、上下略细的菱形柱。大殿这种"菱形柱"，两头都有很明显的"卷杀"，这和宋代柱头稍有"卷杀"或一般的直柱有着显著的区别。

大殿内为彻上露明造，不用天花；殿采用菱形柱，下檐出檐深远，斗拱阔大为一跳两昂的重拱六铺作，形式古

① 清·翁方纲著，欧广能、伍庆禄补注：《粤东金石略补注》，广州：广东人民出版社，2012年，第29页。

② 大殿现面阔七间，明间宽约6.29米，次间宽约6.12米，梢间宽约4.55米，尽间宽约3.83米，总面阔约35.47米。

③ 进深六间，明间宽约4米，次间宽约4.55米，梢间宽约3.83米，总进深约24.59米。

大殿为东晋隆安五年（401）始建，历代均有重修。现面宽七间，进深六间，重檐歇山顶，为岭南最雄伟巍峨的大殿。屋檐斗拱层层向外延伸，使屋脊跨度增大，体现了中国唐代以来的建筑风格。大殿内部的巨柱，造型优美。大雄宝殿下檐翼角、直棂窗、石勾栏望柱石狮，彰显出大殿的规制与历史厚重感

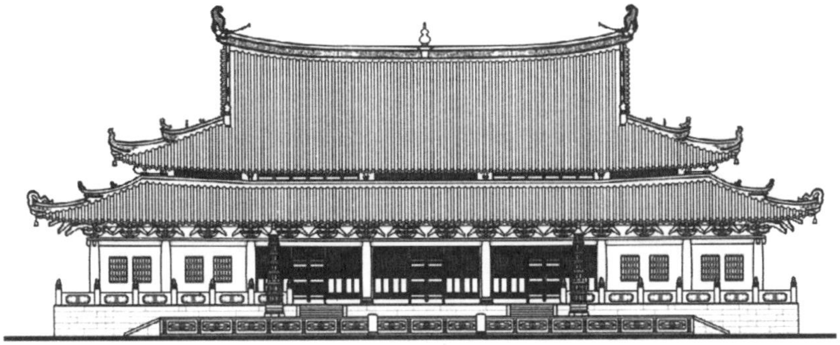

● 大殿正立面图（图纸来源：程建军《梓人绳墨：岭南历史建筑测绘图选集》）

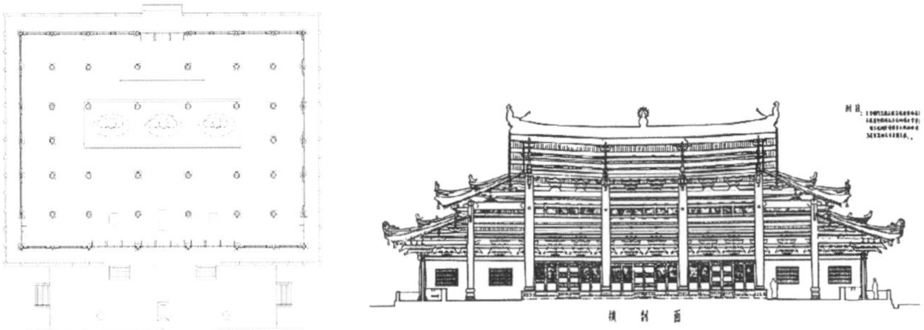

● 光孝寺大殿平面图、剖面图（光孝寺殿堂建筑图纸均出自《广州光孝寺建筑研究与保护工程报告》）

朴、木结构工艺纯熟，具唐宋之风。此外光孝寺大雄宝殿的梁架、瓦当、滴水等都是国内古建筑中罕见的。大殿屋顶坡度呈平缓曲面，上盖素身板、金黄色琉璃筒瓦，屋脊从中间向两端缓缓升起，并以举折做法使屋面形成多角度的弧线。屋脊与檐杆均从中心向两侧生起，形成一缓和的曲线，大殿屋顶平展深远，顶部收山较大，几乎有两个开间，有清代北方宫殿建筑稳重大气的风格。在细节上又体现岭南殿堂的轻盈感，是广州寺庙建筑特有的殿堂风格，也是所有殿宇中等级最高的建筑。

大殿在明间与次间前后开门，殿门前设左右五阶台阶登堂。墙为砖砌山墙，东西墙上不开窗，只在南北墙上开窗，主要构架基本保留宋代建筑风格和岭南建筑特色。大殿

大雄宝殿正面

四周绕以约1.5米宽的“回”字形走廊，总占地面积1104平方米。殿前面有广阔的月台，起到了很好的衬托作用。殿前宽敞的站台上，一对清代花岗石法幢分立左右，七级塔式。大殿的入口上部有多块名人题字牌匾，门边（前）柱上用木板雕以对联。大殿四周都有用石头雕成的“重台勾栏”，式样各不相同，属不同年代。除了历代修配的之外，后面的一列石勾栏是最原始的建筑，它的造型粗简质朴，风格优美，也显示了独特的石雕手法。全殿绕以石栏杆，殿后整列南宋年间的撮项云拱勾栏，望柱头饰雄伟的石狮，其余栏杆为后代重制。大雄宝殿外的栏杆为宋式单勾栏做法，望柱上立对望的雄狮。柱、门、窗、梁、枋、斗拱都漆朱红色，与白色墙面相间。部分鱼鳞式格子窗镶嵌蚝壳，是岭南特有的既采光又防水防潮的特色做法。整座大殿于2003年又进行了一次全面的维修，采取了修旧如旧的原则，基本保持了宋代建筑的基本特色。

现在大殿内三间后金柱前为石砌佛座，其上供奉的是1989年塑立的“华严三圣”与尊者：中间佛为释迦牟尼佛，高5米多，结跏趺坐，左手横放在左脚上，右手举起，屈指作环形，作“说法印”；左边是文殊菩萨（又名大愿菩

大雄宝殿直棂窗、石勾栏望柱石狮

大雄宝殿内供奉的三尊大佛像，中为释迦牟尼佛，左右分别是文殊菩萨和普贤菩萨，这一佛两菩萨三尊佛像合起来称作“华严三圣”

殿内正中供奉“华严三圣”［释迦牟尼佛（中）、文殊菩萨（左）、普贤菩萨（右）］和立于释迦牟尼佛两旁的迦叶尊者（左）、阿难尊者（右）

大殿释迦牟尼佛背面的观音菩萨

萨）：右边为普贤菩萨（又叫大行菩萨）。侍立于释迦牟尼佛两边的铜制雕像分别是迦叶尊者、阿难尊者。“华严三圣”背后有一座屏风墙，墙后塑有观音山，其上供奉千手千眼观音（原为地藏十王像），观音像面朝大殿后门。殿内东、西两个梢间砌有罗汉座，其上原来立有十八罗汉像，现已全毁无存。

1928年，日本人常盘大定一行所拍光孝寺殿内十八罗汉中之二尊者；由此照片可知，在民国十七年时，大殿内是有供奉十八罗汉的，但目前大殿没有供奉

光孝寺大殿的建筑形制，无疑是在木构建筑传统风格上，加上了地方手法。大殿综合反映出宋代建筑风格，大殿的建筑特色和风格“是全国各建筑所仅见的，不但广州市各个庙宇的古建都模仿光孝寺各种形式，就是潮州的开元寺，也深受其影响”①。大殿具备中国建筑那种雄伟、庄严、华丽、美观以及南方古建筑所独有的特点。光孝寺的六祖殿始建于宋大中祥符年间，伽蓝殿创建年代不详。此二殿均模仿大殿建筑。

光孝寺住持明生撰联

大殿中柱云峰会长撰联

赵朴初会长撰联

① 广东省人民政府文物保管委员会编印：《光孝寺的文物历史价值（初稿）》，1954年6月，油印本，第4—5页。

达摩井（图纸来源：程建军、李哲扬《广州光孝寺建筑研究与保护工程报告》）

达摩井

南朝梁普通七年（526），印度高僧达摩历经三年泛海至广州，在西来庵住。清《光孝寺志》载："达磨井，在寺东界法性寺内。寺中著名四井，独此井为巨，深数丈，甃以巨石。味甚甘洌，盖石泉也。其下时有鱼游泳。按旧经载，广城水多咸卤，萧梁时，达磨祖师指此地有黄金，民争挖之，深数丈，遇石穴，泉水迸涌而无金。人谓师诳，师曰：'是金非可以斤两计者也。'今不知所在。"[①] 而光绪《广州府志》载："达磨井，在悟性寺。前梁达磨指其地曰：下有黄金万余两。贪者力凿，泉渫而金亡，以师为诳。师曰：是金未易以斤两计也。又有达磨石，在峡山寺。"[②] 清代光孝寺住持僧成鉴圆德有诗云：

① 清·顾光、何淙修撰：《光孝寺志》卷三《古迹志》，中山大学中国古文献研究所整理组点校，北京：中华书局，2000年，第38页。

② 宋·王象之编撰：《舆地纪胜》卷八十九《广南东路·广州》。

达摩井图（图片来源：清·顾光等《光孝寺志》），据《光孝寺志》记载，达摩在穗传法时曾引起市民掘地凿井，井水清甜甘洌，时人称之为『达摩井』

"求金凿地世缘痴，化出灵源事亦奇。湛寂寒光星月印，难将斤两说人知。"[①] 此井在寺最久。清贡生张琳（1770—1825）有《达摩井》诗云："面壁曾九年，卓泉在旦夕。活水谁寻源，一泓自湛寂。"又有《游光孝寺》诗云："名沿风幡堂，迹没笔授轩。达摩有遗井，湛寂涵泉源。汲此功德水，普沾甘露恩。"

洗钵泉

洗钵泉，是寺中重要古迹，在今寺东廊拐角处。寺中原有四大古井（即洗钵泉、西来井、诃井、达摩井），此为唯一保存完好，至今尚在者。"诸志传闻异辞，无足怪者"[②]，为广州保存较好、年代久远的古井之一。

洗钵泉图（清·顾光等《光孝寺志》），据《光孝寺志》记载，达摩祖师泛海抵穗后，曾驻锡光孝寺传教说法，化斋回寺后常于寺内一泉水边洗濯斋钵，此即今寺内东侧的洗钵泉，是为达摩在穗传法的历史见证；另有六祖惠能洗钵于此之说

① 清·顾光、何淙修撰：《光孝寺志》卷十二《题永志下》，中山大学中国古文献研究所整理组点校，北京：中华书局，2000年，第171页。

② 清·顾光、何淙修撰：《光孝寺志》卷三《古迹志·洗钵泉》，中山大学中国古文献研究所整理组点校，北京：中华书局，2000年，第38页。

洗钵泉

历代寺僧勤加保护洗钵泉，即使是为文化部门和机关学校占用的七八十年间，人们也将其当作文物加以维修保护，故今天仍然完好无损，成为宗门弟子前来寺内参拜的必到之地。

洗钵泉亭明天顺道人柱联“水繇天生心繇水悟，卓彼老禅待我而喻”，意思是水能覆舟也能载舟。水繇天生“天上来的水”，心繇水悟“意心生水悟”。繇，通“由”。“卓”，超越之意

寺中之井以数十计，著名者四。达摩井，为初祖所凿，固然矣；而洗钵泉亦附会初祖，窃恐未然。考初祖始至华林，移居光孝，即为萧昂表闻，召对金陵，大寺未久，穿一井以资日汲，亦已足矣，何复劳人动众而洗钵之为耶？且我法日中一食，树下一宿，昏暮水火，率由叩门，虽我佛亦随众作务。然自丛林立法，则托钵者自有专司，初祖固未遑及此也。然则洗钵之事，乃六祖所为耳。盖六祖初来，韬光敛彩，执役供奉，犹然黄梅槽厂踏碓之时，则托钵洗钵，时复不免。迨后风幡契悟，据坐升堂，而此井得以洗钵名彰，与初祖所穿之泉同为圣迹。后人不复分别，概以归之初祖，则传闻之讹矣。观于道人之铭有云“卓彼老禅，诗我而喻”，亦似为六祖而发；不然，以壁观婆罗门不立文字之心，视此数语，何啻梦呓？[①]

洗钵泉碑

“后人不复分别，概以归之初祖，

① 清·顾光、何淙修撰：《光孝寺志》卷三《古迹志·四泉辨》，中山大学中国古文献研究所整理组点校，北京：中华书局，2000年，第39页。

则传闻之讹。”据乾隆时协助顾光编纂《光孝寺志》的光孝寺住持僧圆德的意见，达摩井乃达摩所掘，现存之达摩洗钵泉实乃六祖惠能驻锡光孝寺时所用之井，后人将其附会于初祖洗钵之泉。圆德禅师之疑，有一定道理，“卓彼老禅，待我而喻”“洗钵之事，乃六祖所为”，且备一说。

屈眴布

屈眴（shùn），布名。此名称最早见于南宋法云所撰《翻译名义集七·沙门服相篇》，原注为：“此云大细布，缉木绵华心织成，其色青黑。”据说达摩袈裟即用屈眴布缝制，因而在佛教史上意义非凡。

屈眴袈裟为菩提达摩所披。梁武帝普通七年，达摩在广州登陆，驻锡光孝寺。宋睦庵《祖庭事苑》卷第三载：“屈眴，即达磨大师所传袈裟，至六祖，遂留于曹溪。屈眴，梵语，此云大细布。缉木绵华心织成，其色青黑，裹以碧绢。”元吴莱《渊颖集》卷九《南海山水人物古迹记》称，光孝寺藏古物殿内，“有屈眴布、西天衣，绣内相，大如两指”。[1]至明中叶还完好保存于光孝寺。明张诩《南海杂咏·屈眴布》诗的题下注：“在光孝寺，所织之纹，颜色

① 元·吴莱撰：《渊颖集》卷九《南海山水人物古迹记》，影印文渊阁四库全书本，第23页；亦载李修生主编：《全元文·吴莱八·南海山水人物古迹记》卷一三七一，南京：凤凰出版社，2004年，第146页。

至今不变。”诗云：“屈眴火浣乃何布？千载色纹丽如故。火之不灰水不湿，惊怪人间几愚妇。”[①]《六祖坛经笺注·付嘱品第十》“达摩所传信衣”句，其原注云：“系西域屈眴布也。《宋高僧传》曰：其塔下葆藏屈眴布郁多罗僧。其色青黑碧缣复袷，非人间所有物也。”[②]

戒坛

戒坛为度僧受戒之所，史载中国之有戒坛，始于南朝宋。

南朝宋元嘉十二年（435）[③] 求那跋陀罗泛海来华至广州，抵穗后便驻锡王园寺，且于寺内创建戒坛和毗卢殿[④]，设“制止道场”。而戒坛乃三师七证为出家僧众受具戒之所，只有规制完全的寺院方能设置戒坛，当时之制止，乃中国最早戒坛之一。光孝寺已然为岭南四众受具戒之重要佛寺。

当时光孝寺虽非重要律论的传译之所，但许多律学大师都曾在寺内弘传律学，以译介萨婆多派新律而知名当时的义净法师曾三次驻锡光孝寺，弘传律学；受请随义净赴室利佛逝（今印度尼西亚巨港）传译经典的贞固律师也曾在光孝寺宣讲律学；同时，名为恭阇梨的梵僧也曾在光孝寺内讲解律学；当时以律学著名的鉴真大和尚于唐天宝七年（748）第五次东渡日本失败后，也曾至光孝寺传律。

从晋至唐，光孝寺一直是律学弘传之所，而寺中继大殿之后所建的第二座建筑乃戒坛，为十方戒子受戒之所。戒坛建成之后历代都勤加维修。宋建炎二年（1128），住持僧宗顺主持重修，更辟而广之。明万历三十一年（1603），戒坛为书舍，沙门通炯、从云、栖回，同沙门超逸、通岸[⑤] 募众赎回。

明万历四十五年（1617），王安舜《修复戒坛碑记》[⑥]云：

> 诃林之有戒坛，所从来远矣，经传宋梁间求那跋陀、智药三藏自西域来，手持菩提树，植于坛前，谶曰：“后当有肉身菩萨于此受戒。”一时人诧以为妄，谓谶固有不尽然者矣。厥后六祖果以黄梅授衣钵，独领南宗

① 明·张诩撰；黄娇凤、黎业明编校：《张诩集》，明弘治十八年（1505）袁宾刻本，上海：上海古籍出版社，2015年，第77页。

② 丁福保笺注：《六祖坛经笺注》，济南：齐鲁书社，2012年，第248页。

③ 此据《梁高僧传·求那跋陀罗传》，《光孝寺志》谓南朝刘宋武帝永初元年，即公元420年。

④ “睹兹地之胜，乃于寺内创戒坛”，见载于清·顾光、何淙修撰：《光孝寺志》卷一《法系志》，中山大学中国古文献研究所整理组点校，北京：中华书局，2000年，第60页。

⑤ 通岸（1566—1647），字觉道，一字智海，憨山大师书记。后居诃林。明末南海人，著有《栖云庵集》。与陈子壮、黎遂球等重立南园诗社，与诸名士唱酬。憨山德清的传法弟子。《明诗综》载粤东诗僧，只岸一人而已，惜只载一首。参见钱谦益：《憨山塔铭》、冼玉清：《广东释道著述考》《粤诗人汇传》。

⑥ 《修复戒坛碑记》由赐进士暂拟南京户部主事王安舜于明万历四十五年（1617）撰并书。碑原刻在寺内，今未见。碑记文录自清道光《南海县志》卷三十《金石略》四。乾隆《光孝寺志》卷十有此碑著录（节录）。另《光孝寺志》载王安舜于明泰昌元年（1620）撰并书。

● 东晋来华的昙摩耶舍所建戒坛图。昙摩耶舍约于399年至广州，于411年离开广州抵达长安，在广州历时12年，其间译经、收徒、建寺，弘法事迹亦见诸地方文献。据清·顾光等《光孝寺志·法系志》载，“昙摩耶舍尊者，罽宾国三藏法师也。东晋安帝隆安间（397—401）来游震旦，至广州止。此时（光孝寺）地为虞翻旧苑，尊者乃创建”

> 大标心印，祝发受戒，嗣是戒坛以六祖而重。……而诸方名衲又以戒坛而重，亡何，坛宇虚悬，法铃绝响，半没于僧房，半没于书舍，坛址荡尽矣。

清军占领广州之后，“国朝顺治初，平（平南王尚可喜）、靖（靖南王耿继茂）两藩入粤，分界安扎旗军，乃截本寺（光孝寺）前后地址另画街巷，戒坛遂画在后街，与旗舍毗连。”[①] 清顺治初年（1644），广州城两遭清兵围攻，寺院屡遭炮火摧残，平南王尚可喜和靖南王耿继茂二藩率军入城，遂将光孝寺前（南）后（北）廊两大部分截为驻军旗舍，并另辟街巷，戒坛遂划入后街，与旗舍毗连，当时戒坛阔三间、深三间，头门匾额曰“戒坛”。天王殿之前（南），大殿之后（北）被划为街道驻扎旗军，寺院范围大大缩小，而由开山祖师求那跋陀罗尊者首创的戒坛，也被划出寺外，后虽经大德、外护几度重修，但最终还是湮没沦废，连地址所在

① 清·顾光、何淙修撰：《光孝寺志》卷二《建置志》，中山大学中国古文献研究所整理组点校，北京：中华书局，2000年，第33页。

● 光孝寺的大雄宝殿，始建于晋，清顺治十一年（1654）改建。『尘机方外息，幽趣静中坐』，为明代孙贲吟咏光孝寺的诗句

也无从考究。

1990 年光孝寺第二期维修工程开始之前，广东省文物考古研究所用半年多时间对寺内方丈寮和甘露坊以西僧舍施工工地进行全面发掘。这是迄今为止广东省内最大规模的一次“寺院考古”，曾在5号基址发现一个极似戒坛的建筑遗址，但因资料有限，尚不能完全坐实。[①]

关于戒坛修建之初的样式与形制，考古发掘补充了文本记载的不足。1999 年，广东省文物考古研究所对光孝寺进行了抢救性的发掘，发现五代两宋时期的建筑基址，这个时期戒坛有上盖建筑，是一座面阔三开间、进深三开间的建筑。五代两宋时期光孝寺戒坛经历四次大的维修，清《光孝寺志》所记载的乾隆时期“深三进，阔三间”的戒坛建筑晚期被破坏，遗迹无存。但民国时期绘制的新旧志寺院全图中，明清时期的戒坛表现为一座三间歇山顶建筑。五代至清，戒坛已有上盖建筑，戒坛虽经历多次重修和修复，结构数次变化，基本位置没有大的变动。戒坛遗址还有待进一步的考古发掘证实。

① 广东省文物考古研究所、广州市文物考古研究所编：《华南考古》，北京：文物出版社，2004年，第265—284页。

毗卢殿

毗卢殿为供奉毗卢佛的殿堂。光孝寺的毗卢殿为南朝宋时梵僧求那跋陀罗创建。在明光孝寺旧志中，毗卢殿为一座五间，具有一定规模，但在《旧志全图》中并未绘出其位置与形象。该殿于宋绍兴二十一年（1151）由本山住持僧广炤、元至元九年（1272）由本山住持僧志立分别进行了重建。在明天启六年（1626）还铸造了一尊毗卢遮那铜佛于殿内供奉，崇祯年间修志时，此殿已废。在清《光孝寺志》记载中，重建毗卢殿，规模缩小为三开间。在《旧志全图》中，毗卢殿位于钟楼东廊东侧，禅堂以北。民国二十二年（1933）所绘全图示意图中，该殿为一座三间重檐歇山建筑，等级较高。光孝寺现保存一尊毗卢佛铜像，可能为原毗卢殿所供奉的明代毗卢遮那之造像，现存该寺六祖殿内。毗卢殿在民国时期还存在，于1913年广东法官学校进驻后拆毁。2009年光孝寺提交重建毗卢殿的申请。

明代铜铸毗卢遮那佛造像

毗庐殿（图片来源：清·顾光等《光孝寺志》）

大殿瓦当、龙脊饰与风铃

瓦当

广州光孝寺大殿排水山勾滴水（图纸来源：程建军《古建遗韵 岭南古建筑老照片选集》）

瓦当艺术兴起于秦，兴盛于汉，方寸之间凝结着中华文化几千年的智慧与文明。

六朝时佛教从海路传入广州，在广州市内的多处遗迹中发现大量与佛教有关的建筑材料及其他佛法遗物，最大量的当属莲花图纹，其中又以莲花纹瓦当最多。

广州光孝寺大殿瓦当与滴水（图纸来源：程建军《古建遗韵 岭南古建筑老照片选集》）

雨中光孝殿宇脊饰

光孝寺出土的南汉时期陶脊饰，浮雕兽面须角

光孝寺出土的唐代陶莲花瓦当，构图对称内圆饰浮雕莲瓣，中心圆台饰凸棱象征莲蓬

光孝寺出土的唐代陶莲花瓦当，联珠排列较稀疏，莲瓣较肥厚，中心饰凸棱和圆台象征莲蓬

光孝寺出土的南朝瓦当

莲花图纹多以花头的造型出现在装饰中，常用于佛教建筑中柱和塔的台基、佛像的座基，以及各种藻井、边纹等装饰。兽面纹瓦当和莲花瓦当最为古老，前者流行于辽代，后者始现于南北朝，是建筑断代的参考之一。在光孝寺和南越国宫署遗址的六朝地层中出土了许多莲花瓦当，同时还见砖面上印莲花纹样。广州光孝寺出土的南朝莲花瓦当，花瓣两层，每层8瓣，花瓣莲蓬丰满、规整而不失生动气韵。

光孝寺出土的宋代陶卷草纹瓦当，灰白胎，中心饰草叶花卉，纹样不清

直棂窗

直棂窗是我国古代建筑中流行的一种门窗结构，并沿用至今。大约在汉代，建筑上开始出现直棂窗。到魏晋时期，直棂窗大量出现。宋代的《营造法式》就详细规定了直棂窗的做法，并将其称为破子棂窗。以后，从辽代到金代以至元、明、清各地各时代的寺院、庙宇的殿堂都运用直棂窗与板棂窗。明、清时期的直棂窗与唐代直棂窗的做法不同，窗间的棂条不是用方形木条斜破为

二十世纪五六十年代广州光孝寺大殿后墙窗棂及殿后诃子树

泰佛殿隔扇门

二十世纪五六十年代广州光孝寺大殿后墙窗棂（图纸来源：程建军《古建遗韵　岭南古建筑老照片选集》）

二，而是用断面近为方形的木条竖向排列，在直棂条的上、中、下三部位穿以横向薄木条，被称为“一马三箭直棂窗”。

吉祥殿直棂窗

光孝寺大殿、钟鼓楼木窗则是直棂式。大殿上檐一周槛窗及下檐南面中间三间门扇保留较为完整，应是清代遗物。其余窗子，或是原样不存，或是后来改装。上檐槛窗绕殿一周，形式为上下有华板，中为鱼鳞波纹格子。门扇上中为万字腰花板，上下尺度均分，上为

光孝寺大殿横披

清明时节，西回廊直棂窗与盛开的宫粉羊蹄甲相映成趣

东回廊直棂窗

鱼鳞波纹方格，下为左右两分裙板。其鱼鳞格孔以半透明蚝壳磨制，既可采光又可防水防潮。质量尚佳，全部予以保留。南面梢间、尽间的窗子，尺度很小，竖向格子窗式，为清末以来的风格。大殿心间门扇的脚门以及六祖殿原有窗式均为直棂窗的格式。

伽蓝殿直棂窗，窗式是简单的直棱长方格子式，内外通透，不施玻璃，与大殿相同

三　唐代光孝寺

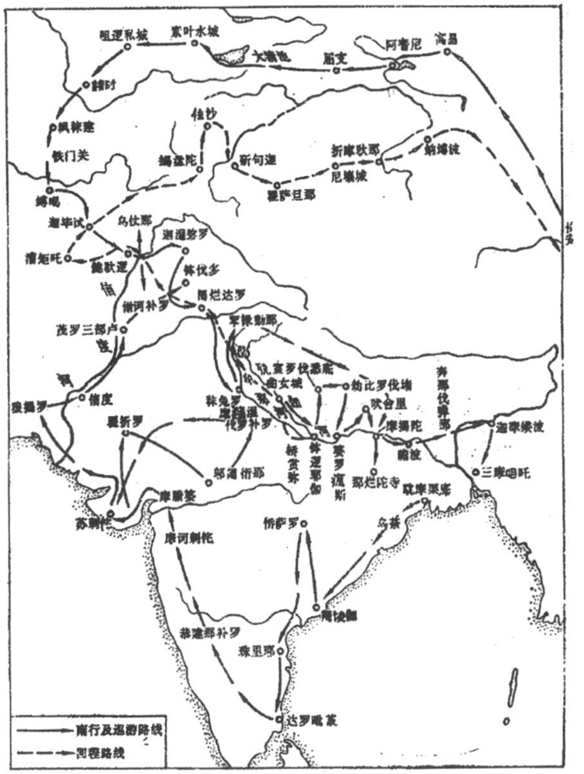

玄奘西行线路图（图片来源：中国大百科全书总编辑委员会《地理学》编辑委员会、中国大百科全书出版社编辑部《中国大百科全书·地理学》）

岭南由于海路交通的优势，成为佛教僧人由海路来中国的常选登陆地。唐代佛教在中国臻于鼎盛，广州不仅是来自西方佛国的高僧的登陆之地，也是东方僧人经海路西行求佛法启程的港口。

汉唐以来，广州是海上“丝绸之路”的始发港，是中国最早对外的通商口岸。清乾隆二十二年（1757），清政府封禁江、浙、闽三处口岸，限定广州为唯一通商口岸。

唐代广州佛教兴盛，寺庙众多，主要有光孝寺、宝庄严寺、开元寺、蒲涧寺、海光寺、大通寺、显明寺、智慧寺、西阴寺、和安寺、慈度寺、悟性寺、千佛寺、千秋寺、婆罗门寺等。佛教僧侣弘法求法的路线就是贸易的路线，佛僧与商人结伴而行，由此可见，以广州为代表的南方对外贸易的发达，为五代中国经济重心从北方向南方转移提供了证据。①

① 吴廷璆、郑彭年：《佛教海上传入中国之研究》，《历史研究》1995年第2期，第39页。

1928年，日本人常盘大定一行所拍光孝寺六祖像碑（左）及六祖像拓本（右）

禅宗六祖慧能真身像（1956年拍摄）

唐代中外交往频繁，中国佛教在这一时期进入了一个发展的重要阶段，信徒众多，佛寺建设有增无减，规模也越来越大。这个时期广州地区的寺庙主要分布在白云山、越秀山一带，还有靠近航运港口的城西6座、城东1座。①

唐代岭南佛教颇盛。禅宗六祖惠能出生于新兴县。唐龙朔元年（661）惠能辞母北上参谒五祖弘忍学法，得传禅宗衣钵。为避神秀的迫害，藏匿于曹溪宝林寺旧址附近，结识了村人刘志略。

① 何韶颖：《广州历代佛教寺院分布及其形成因素研究》，《华中建筑》2011年第二期。

惠能因为无尽藏比丘尼析《涅槃经》经义，受到敬服，于是众人捐资在原宝林寺故址重建寺院，并延请惠能居之。不过，直到唐仪凤二年（677）惠能才公开禅宗衣钵传人身份，由广州法性寺（今光孝寺）北上驻锡曲江宝林寺（即南华寺），公开授徒传教，并得里人陈亚仙舍地扩建寺院，成为南宗祖庭。

在这期间，岭南一带的佛教传播也很快，记载鉴真行程的《唐大和上东征传》，写到鉴真一行第五次东渡日本，遇到飓风漂流至海南岛南端的崖州，受到了岛上佛教徒和地方官的盛大欢迎，

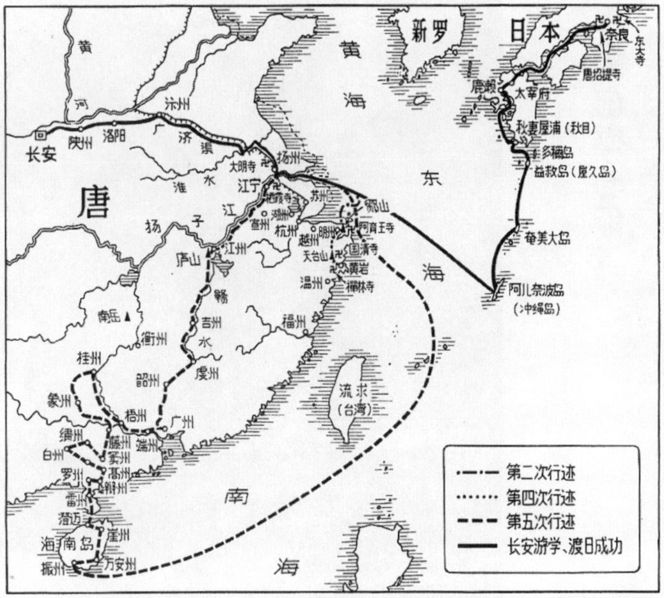

鉴真东渡行迹图（图片来源：吾闻《鉴真》）

1928年，日本人常盘大定一行所拍六祖传法袈裟的纹样

任别驾一职的冯崇债，护送他们从海南岛回大陆，万安州大首领冯若芳请他们住其家，连续三天进行供养。崖州游奕大使（武职官员）张云出来迎接，“令住开元寺。官僚参省设斋，施物盈满一屋”①。当鉴真一行抵达广州时，广州都督卢奂亲率官员和百姓在城门外迎接，引入光孝寺居住，并用佛教最隆重的礼节接待他们。鉴真和尚在广州登坛受戒，开启了律宗在广州的传播，采访使（地方高级行政官员）刘巨麟还亲自受戒，可见佛教热度席卷了整个羊城。

① ［日］真人元开著，汪向荣校注：《唐大和上东征传》，北京：中华书局，1979年，第69页。

● 鉴真和尚像，日本天平宝字七年（763）造，干漆夹纻彩色，高0.81米。现存奈良唐招提寺

大悲心陀罗尼经幢

唐开元八年（720），南印度密教高僧金刚智由海路来到广州，其弟子不空曾在光孝寺建立密宗坛场，尝试在广州传授密教，现存于光孝寺的唐宝历二年（826）大悲心陀罗尼经幢[①]即为当时密宗在广州流行之物证。

经幢一般是佛寺中记录经文的石刻，我国经幢多为石质，铁铸较少。一般为圆柱形、六角形和八角形。由基座、幢身和幢顶三部分组成，幢身刻陀罗尼经文，基座和幢顶则雕饰花卉、云纹以及佛像、菩萨像。经幢一般被搁置在角落，往往不被注意，但它是佛寺中不可或缺的景观之一。

光孝寺唐代的大悲心陀罗尼经幢（图片来源：森清太郎《岭南纪胜》）

大悲心陀罗尼经幢

唐天宝元年（742），不空“初至南海郡，采访使刘巨邻（麟）恳请灌顶，乃于法性寺（今光孝寺）相次度人百千万众”[②]，弘传密法。此石制大悲心陀罗尼经幢为开坛传法时所建，现存光孝寺内。

现在大悲心陀罗尼经幢已移至天王殿外西南角西廊内，用玻璃封起来，并仿制了一个模样相同的放置在原位。该

① 大悲心陀罗尼经幢，又称大悲幢，在大殿西南角，邑志作唐宝历年间（825—826）建。一说元住持僧慈信建。

② ［宋］赞宁撰，范祥雍点校：《宋高僧传》卷一《唐京兆大兴善寺不空传》，北京：中华书局，1987年，第7页。

1928年，日本人常盘大定一行所拍光孝寺大悲心陀罗尼经幢

1928年，日本人常盘大定一行所拍光孝寺大悲心陀罗尼经幢

唐大悲心陀罗尼经幢原址处仿制的青石大悲心陀罗尼经幢，大小比例等同

经幢，以青石为料，宝盖状如八角盝顶蘑菇，高0.04米。连顶带座通高2.02米。经幢平面八角形，高1.05米，0.02米八角顶莲花方座，下有方座高0.37米，幢身各面宽0.14米，八面刻有小楷书《大悲咒》，字迹依稀可辨；下有八角形幢座，座下还有方形基座，四正四维共刻有威武的力士八人浮雕，幢身顶上宝盖下于檐枋与角梁相交处刻出一跳华拱作为承托，其姿彩典雅，为广东经幢所仅见。从光孝寺大悲心陀罗尼经幢造型可知当时建筑出檐深远，用丁字拱承挑，筒瓦当饰有莲瓣。

此经幢为寺内现存石刻中最早且有纪年，是历史见证。

2019年光孝寺唐代大悲心陀罗尼经幢在原址仿制

瘗发塔

佛教禅宗南宗六祖惠能在菩提树下削发为僧时，寺住持法才把他的头发埋在地下，并在上面建了一座“瘗发塔”。瘗发塔是唐仪凤元年（676）四月八日，法性寺住持僧法才所首倡募建，并为其立《瘗发塔记》碑，纪其意义。

● 为纪念惠能在光孝寺削发受戒而于唐仪凤年间在光孝寺内建造的六祖瘗发塔。瘗发塔是仿楼阁式实心砖石塔，平面呈八角形，高7.8米，共7层，每层均有佛龛8个，龛内置一尊佛像。塔基座用红砂岩石雕制，其下有三级枭混线，束腰各角置竹节柱，其上置仰莲花瓣。塔身外墙隐砌红色的角柱、阑额，柱头与横额上置方栌斗承托梁尖，斗欹内下施皿板。各层檐角起翘，使檐面显现出曲线美感。塔刹为葫芦刹。瘗发塔本身虽称不上雄伟，但塔下埋着六祖剃度的头发，是寺内珍贵文物之一

《瘗发塔记》碑文

佛祖兴世，信非偶然。昔宋朝求那跋陀（罗）三藏建兹戒坛，预谶曰：“后当有肉身菩萨受戒于此。”梁天监元年（502），又有梵僧智药三藏航海而至，自西竺持来菩提树一株，植于戒坛前，立碑云：“吾过后一百七十年，当有肉身菩萨来此树下开演上乘，度无量众。真传佛心印之法主也。”今能禅师正月八日抵此，因论风幡语，而与宗法师说无上道。宗踊跃忻庆，昔所未闻。遂诘得法端繇，于十五日普会四众，为师祝发。二月八日，集诸名德，受具足戒。既而于菩提树下，开单传宗旨，一如昔谶。

法才遂募众缘，建兹浮屠，瘗禅师发。一旦落成，八面严洁，腾空七层，端如涌出。

伟欤！禅师法力之厚，弹指即遂，万古嘉猷，巍然不磨。聊叙梗概，以纪岁月云。

仪凤元年（676），岁次丙子，吾佛生日。法性寺住持法才谨识。[①]

① 清·顾光、何淙修撰：《光孝寺志》卷十《艺文志》，中山大学中国古文献研究所整理组点校，北京：中华书局，2000年，第115—116页。

光孝寺内的瘗发塔：米内山庸夫氏拍（图片来源：［日］森清太郎《岭南纪胜》）

瘗发塔细部

从《瘗发塔记》中，可知瘗发塔为法才于惠能祝发受戒后所首倡募建。然法才当年所立之碑，后已损坏断裂，今碑乃明代重刻。《光孝寺志》云："按原碑已断裂。明万历四十年（1612），寺僧……重为立石模刻。碑上有区亦轸绘图，僧通岸记。现植壁间。"[①]清人翁方纲的《粤东金石略补注》有《唐光孝寺菩提树瘗发塔记碑》，今人欧广勇、伍庆禄曾补注说："明碑见存光孝寺碑廊，碑上段刻法性寺（光孝寺旧名）讲涅槃经师即印宗及主（住）持法才同立之《菩提碑》，碑下端刻菩提树图，居士区亦珍（"珍"为"轸"之误）绘。碑高一点五八米，宽零点九米。释通岸撰文。"[②]

"崇祯九年，给谏卢兆龙同男卢震捐赀修饰发塔，增以石栏围绕瘗发塔。"[③]今日光孝寺所见瘗发塔乃明崇祯九年（1636）给谏卢兆龙与子卢震沿唐

① 清·顾光、何淙修撰：《光孝寺志》卷三《古迹志》，中山大学中国古文献研究所整理组点校，北京：中华书局，2000年，第40页。

② 清·翁方纲著：《粤东金石略补注》，欧广勇、伍庆禄补注，广州：广东人民出版社，2012年，第24页。

③ 清·顾光、何淙修撰：《光孝寺志》卷三《古迹志》，中山大学中国古文献研究所整理组点校，北京：中华书局，2000年，第40页。

● 瘗发塔上发新枝，寓意新时代有新气象

制所捐资修饰。有人认为瘗发塔是保留了南宋早期建筑特点重建的，目前无史料为证。崇祯九年（1636）、1954年、1977年此塔均曾修葺。从清宣统元年（1909），日本伊东忠太到光孝寺考察时拍下的瘗发塔照片中可知，瘗发塔残损严重，但保持着朴素的原貌。

当年六祖惠能在光孝寺菩提树下削发为僧时，住持僧法才把惠能的头发埋在地下，又在塔下埋置无数陶塔。

> 比年损坏，塔下有小陶塔无算，高六寸许，六面，面一龛，龛一佛，上飞檐三层。……法才等募建惠能发塔，复于塔下埋无数陶塔……[①]

“塔以石基灰砂筑成，七层，高二丈”[②]。瘗发塔共有七层，塔为砖砌实体，高7.8米，塔的基座是以红砂岩所建。塔身八面，每层为檐，作斗拱形，塔顶似仍唐制，中作佛龛，各砌佛像。唯第一、二层佛像，今已无存。

后代文人留下多篇有关光孝寺瘗发塔的诗文，如清代浙江仁和（今杭州）人杭世骏，曾任越华书院主讲，有《六祖发塔》诗云：

> 碓坊几栉沐，剩此发一缕。
> 螺髻埋土中，绀塔卓香宇。
> 流为华鬘云，散作曼陀雨。[③]

清光孝寺任职事僧天藏元旻也有《六祖发塔》诗云：

> 菩提树色含苍烟，
> 寻访遗踪礼塔前。
> 中有南能头发在，
> 神光灼烁照林泉。[④]

瘗发塔在宋、明、清都修缮过，虽宋、清修缮史料佐证鲜见，至今还保存着，已经是一千二百多年的古物。瘗发塔塔形秀丽，为广东省乃至全国都极为少见的唐代佛塔。这座瘗发塔和塔右边的那株菩提树都见证了中国佛教史上极为重要的一段历史。

---

① 罗香林著：《唐代广州光孝寺与中印交通之关系》，香港：中国学社，1960年，第82—83页。

② 清·顾光、何淙修撰：《光孝寺志》卷三《古迹志》，中山大学中国古文献研究所整理组点校，北京：中华书局，2000年，第40页。

③ 广州市佛教协会编注：《羊城禅藻城：历代广州佛教丛林诗词选》，广州：花城出版社，2003年，第41页。

④ 广州市佛教协会编注：《羊城禅藻城：历代广州佛教丛林诗词选》，广州：花城出版社，2003年，第122页。

● 菩提树、无忧花、瘗发塔、殿角风铃

风幡堂

> 六祖受法，辞五祖，届南海，令隐于怀集、四会之间。遇印宗法师于法性寺，暮夜风飏刹幡，闻二僧对论，一云幡动，一云风动，往复酬答，曾未契理。祖曰：“可容俗流辄预高论否？直以风幡非动，动自心耳。”印宗闻语，竦然异之。[①]

风幡堂在清代时为一座三开间的建筑，歇山顶，在东廊外白莲池水亭后。白莲池，在风幡堂前水亭下，池上有罗汉桥。相传唐时即有此池，宽约一亩。

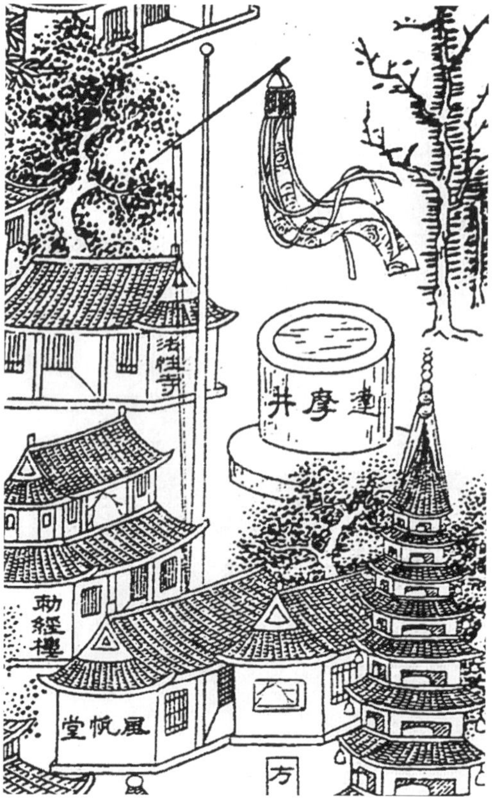

● 清时风幡堂旧有天然和尚书『风幡堂』横额

风幡堂旧有阁，供睡佛于阁上，其实是“睡佛阁”“风幡堂”同为一阁。风幡堂于唐仪凤元年（676）由印宗法师建，睡佛阁于唐神龙间（705—707）建。

清代的风幡堂，有天然和尚书“风幡堂”横额。清顺治六年（1649）天然禅师住此，后因修饰殿宇，迁堂于东廊外，“循廊而东，为风幡堂，堂前有池泓然”[②]，并书“风幡堂”横额其上。睡佛阁与此寺中隔以墙，而由寺外左旁另辟一巷，与睡佛阁相通。睡佛阁东，旧有东廊，廊有南汉东铁塔，形制较西塔尤伟。

谢扶雅《六祖慧能与光孝寺》“注释十四”条载：

> 寺志载：“清顺治初年，天然禅师住诃林，修饰寺宇，书风幡堂三字额其上”，但今日残遗之裂匾，则题署“天然道人”，或者此残匾亦尚为后来者所模书，而非顺治初年之原物矣。[③]

至清末民初，风幡堂仍然伫立于东

① 汤华泉辑撰：《全宋诗辑补》，《日本月坡道印语》，合肥：黄山书社，2016年，第1548页。

② 清·王士祯撰：《广州游览小志》，北京：中华书局，1985年，第1页。

③ 张曼涛主编：《现代佛教学术丛刊 4 禅学专集之四 禅宗史实考辨》，台北：大乘文化出版社，1977年，第334页。

1928年，日本人常盘大定一行所拍光孝寺风幡堂

廊外白莲池[①]水亭后，但此时风幡堂已与睡佛阁合而为一，清《光孝寺》载：“睡佛阁五间。唐神龙间建。在风幡堂上。”由此，上层即睡佛阁，下层则为风幡堂，所谓“前楹覆莲池，后阁架榆欓”[②]。

“风幡留妙偈，千载系人思。”这一殿堂因风幡奥义之传说，迅速成为寺内著名景点，历代高僧大德或文人学士莅寺参访，无不前往瞻仰参拜，或吟诗抒怀，或翰墨题咏，留下众多的纪念诗文。

『风幡不动心安竟，镜树原非色是空』，香港宝林寺对联，联为林则徐所撰

---

① 相传唐代的风幡堂前就有一片约一亩的白莲池，池中建一水亭，池边文人墨客雅聚吟诗作乐，“清池碧水湛然”（据说水亭柱子上有一副著名学者陈恭尹题写的对联，曰：“东土邪？西土邪？古木灵根不二；风动也，幡动也，清池碧水湛然”）。清雍正年间（1723—1735），住持僧敏言，建水亭其上。清风涟漪，殊增胜概。

② 清人杭世骏《风幡堂》。

风幡堂图（图片来源：清·顾光等《光孝寺志》）

风幡堂是祖师说法处，遗迹已不在。根据谢扶雅发表于《岭南学报》的《光孝寺与六祖慧能》描述，风幡堂在民国二十一年（1932）时已完全倒塌，不复重修，夷为市立二十七小学的操场。但在民国二十二年（1933）出版的《旧志全图》中，风幡堂则在图中。光孝寺在1986年恢复为宗教场所时，风幡堂的兴建已列为第一期工程及重修规划中，鉴于寺内空间、资金及设计方案等问题，至今还未实现。

石柱础

柱础是古代建筑构件的一种，俗称磉盘或柱础石，它是承受屋柱压力的基石。史载，柱础肇始于木制。

岭南潮湿多蚁，木材易腐、易虫蛀，唐代木构建筑已无存，只能从一些砖石建筑和残存部件中了解到部分特征。广东佛教建筑文化景观深受岭南自然和人文环境的影响。炎热潮湿、多风雨的气候特征，使得岭南建筑的通风、隔热、遮阳、避雨等功能性设计十分明显。如广东寺庙中普遍采用的“高柱础”，主要是因为地处亚热带气候区，空气中

大雄宝殿檐柱柱础

红砂石柱础

湿度大，用高柱础以避湿气，保持柱脚干爽不朽。[1]而且，广东工匠在柱础的细节上追求精雕细琢，大量运用石雕、砖雕、彩绘、灰塑和陶塑等传统工艺增加美感，对寺庙起到很好的装饰效果。

光孝寺大殿檐柱甚为古朴，檐柱上下两端均有明显的卷杀，使原本笨拙的柱子变得盈满优雅。而其外形也为古制的梭柱，还保留有北方唐宋时的侧脚和生起的做法。

---

① 程建军:《广州光孝寺大雄宝殿大木结构研究》,《华南理工大学学报》(自然科学版),1997年,第106页。

六祖殿内金柱柱础

光孝寺庭院中大香炉石莲花座为西覆盆式

瓜瓣柱础

大殿金柱柱础

光孝寺大殿金柱[①]“梭形柱”的柱础也很特别，它用石头雕凿成须弥座的形状，显示殿堂等级之高。柱础中部束腰，高达0.96米，一般高度也都在0.6米左右，远比北方古建筑的柱础还高，这是适应南方气候湿热加高柱础以避湿气和防白蚁的做法，而它的风格是全国古建筑中所仅见的。

高柱础的使用和柱櫍的保留皆因岭南的湿热气候，所以大殿的柱础上还使用了柱櫍，柱櫍亦为古制，在《营造法式》中有造柱櫍之制。

① *光孝寺大殿金柱为木石结合柱，大部分柱身为石柱，适合南方的潮湿天气；木柱部分只在高处。*

● 六祖殿墙柱础

● 西区回廊石柱与柱础

东区回廊石柱与柱础

四　南汉光孝寺

南汉时期的岭南寺院

广州称古都，是因为历史上有过南越、南汉、南明三个王朝（史称“三南”）在此建都。南明绍武王朝是短命王朝，在战乱中只存在40天，根本无从谈及都城建设。但是，“三南”之中的南汉（917—971），传四帝，国祚五十五年，立国时间之长，在五代十国中居第二位，仅次于吴越，而国土之广和经济实力也是十国中较强的。南汉国诸帝中，从烈祖刘隐到后主刘鋹，都热衷于大兴土木营建兴王府。南汉兴王府的建设，在广州城建史上有重要的地位，在岭南建筑史上有深远的影响。唐末，南汉国开国君主刘隐任清海军节度使，驻节广州。刘隐死后，其弟刘龑（南汉高祖，原名刘岩）继任节度使，随后称帝广州，建元乾亨，国号大越，翌年（918），改国号为汉，史称南汉。自刘龑起，历经刘玢、刘晟、刘鋹四主，共五十五年。南汉定都广州，称兴王府，刘氏政权[①]在广州建立。刘龑按照唐的都城制度营建兴王府，“仿唐上京之制，置左右街使”[②]。

南汉的刘隐、高祖刘龑、中宗刘晟和后主刘鋹都对佛法颇感兴趣，或幸（指封建帝王到达某地）寺院，与僧人参禅问道，或延请僧人入朝讲解佛法。对僧人奏报开山建寺的请求，几乎都鼎

---

① 唐末五代时，上蔡（今属河南）人刘隐（874—911）于905年任清海军节度使，凿平禺山，扩建羊城，名为新城。后梁太祖开平三年（909）被封为南海王。911年卒，其弟刘岩接任，于后梁贞明三年（917）在广州称帝，建立南汉国。这是自秦始皇时赵佗在广州立南越国后广州第二次建都。刘岩称帝后改名为刘龑、刘陟。龑，意为“与龙共天”。刘龑时期（917—942，改国号为“汉”，史称南汉）——刘玢时期（942—943，在位两年，改年号光天，史称殇帝）——刘晟时期（943—958，八月，刘晟卒，年三十九，在位十六年）——刘鋹时期（959—970，刘玢长子继兴立，更名鋹，是为后主）。

② 清·梁廷楠著；林梓宗校点：《南汉书》，广州：广东人民出版社，1981年，第7页。

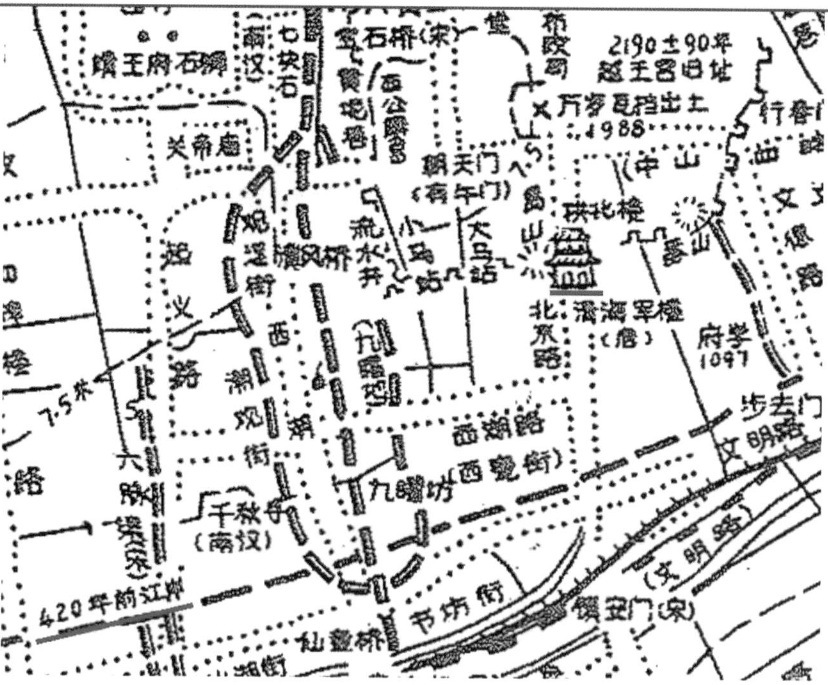

公元420年前的广州江岸（图片来源：曾昭璇《广州历史地理》）

力支持，大发帑藏营造。[①] 五代时南汉诸帝崇佛，在岭南各地大盖寺庙，而兴王府尤为集中，在兴王府城内大扩寺院，如长寿寺（今六榕寺）“横直绵亘面积实逾二里”[②]，并环城建有二十八寺，列布四方，各方有七寺，上应二十八星宿。南宋方信孺《南海百咏》诗序说南汉所建二十八寺当时“尚大半无恙”[③]，并分别以东、西、南、北七寺为题，以各方寺名连缀为诗。考所列寺名，千秋寺为今海幢寺址（一说在药洲南），悟性寺（越秀山越王台故址一带，具体位置约在今中山纪念碑下“佛山”石碑坊处）为今三元宫址，新藏寺为今大佛寺址。此外，闻名于后世的还有建于海珠石上的慈度寺、大通寺前身的宝光寺。这些寺庙今时皆不见原构，也无从考证当年的形制。南汉以海商之利而富甲天下，其崇尚的佛教艺术也随之趋向精美和奢华。现存光孝寺的两座南汉铸造的东、西铁塔，以石刻和铁铸双层须弥宝座，塔形秀美，表面千佛密布，风格细腻。信奉佛教的南汉宫廷还在宫中建一座南薰殿，把柱和柱础都镂空，燃点香炉于柱中，香烟缭绕，宛若天国。

今存南汉佛教文物有光孝寺东、西铁塔，是南汉君主崇佛的历史见证，就其自身而言，具有很高的文物价值，为研究南汉社会的政治、经济、文化提供了重要的实物。

---

① 清·梁廷楠著：《南汉书》卷17《方外传》，广州：广东人民出版社，1981年，第94—99页。

② 广州宗教志编纂委员会编：《广州宗教志》，广州：广东人民出版社，1996年，第16页。

③ 宋·方信孺：《南海百咏·东七寺》，清光绪八年（1882）学海堂刻本。

东、西铁塔

据统计，我国现存铁塔，宋以后的占多数，尚未发现唐代的铁塔。光孝寺南汉铁塔至今已有一千多年的历史，是我国现存有确切记载，铸造年代最早的铁塔。我国现存古代大型铁塔还有13座，广东省内计有5座：南汉大宝六年（963）铸的广州光孝寺西铁塔，南汉大宝八年（965）铸的广东梅州修慧寺铁塔，南汉大宝十年（967）铸的广州光孝寺东铁塔，清雍正五年（1727）铸的广东韶关南华寺铁塔，清雍正九年（1731）铸造的广东佛山祖庙内的经堂寺铁塔（又称释迦文佛塔）等。

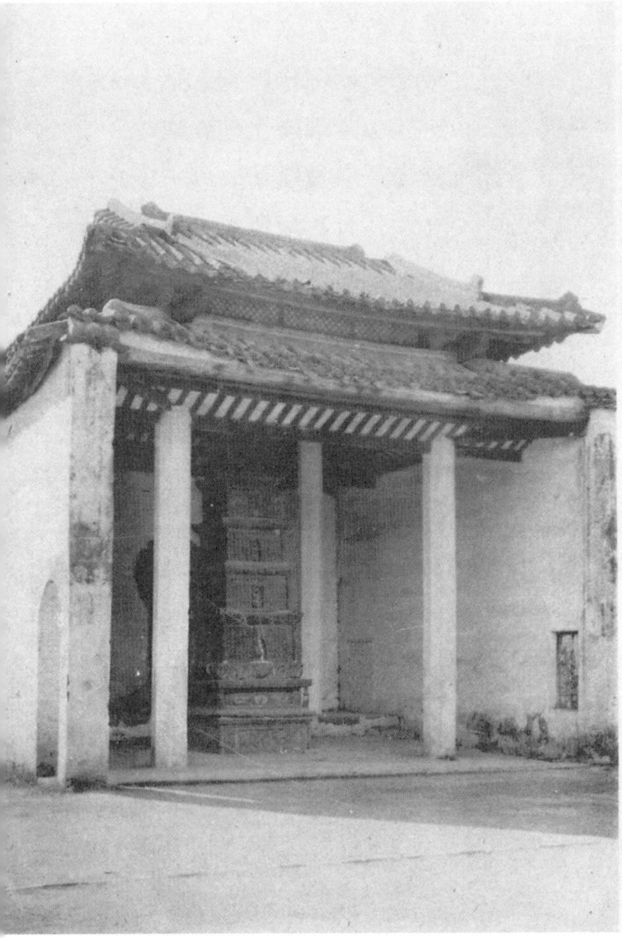

1928年，日本人常盘大定一行所拍东塔殿与东铁塔

1928年，日本人常盘大定一行所拍西铁塔细部

光孝寺西铁塔，已明显残缺，只剩铁塔基座和部分塔身；东铁塔是我国保存完整的最古铁塔。《南汉双塔》诗云："南汉王坟已不堪，浮屠千载镇名蓝。东西两座遥相映，向夜无灯光自涵。"① 这是清代本寺僧人元旻② 对光孝寺东、西铁塔的描述。"两塔高大略相等，东塔较高。朱竹垞谓："见二塔并立一屋中，修短不齐。"③ 由此可知，两塔曾放置在一屋中，而在清《光孝寺志》东、西铁塔插图中显示，两塔当时各建有两层塔殿阁楼。

光孝寺东、西铁塔均出现以盘龙和莲花进行装饰的图像，铁塔中的佛教美术图像内容丰富、造型优美。位于最底部的方形台基为石制，四周雕刻莲花造型，铁塔坐落于石基之上，塔身遍布千余座佛像雕刻，造型无论大小皆端坐于莲花之中，整座铁塔被赋予一种神圣之气。其时各地所兴造的千佛塔，尤与佛教艺术有关。如梅州的千佛铁塔，塔座莲花、塔身佛像及塔基飞天、云龙等装饰图案，均有很高水平。"钱虽无道，然尝与挂单光孝寺之禅宗高僧达岸和尚相往还。其时所兴造各地千佛塔，尤与佛教艺术有关。如广州光孝寺所置大宝间铁塔涂金千佛塔，其最著者也。"④

---

① 清·顾光、何淙修撰：《光孝寺志》卷十二《题咏志下》，中山大学中国古文献研究所整理组点校，北京：中华书局，2000年，第169页。

② 元旻，字天藏，号东湖，智华宗符和尚的嗣法门人。

③ 清·翁方纲著：《粤东金石略补注》，欧广勇、伍庆禄补注，《南汉光孝寺铁塔识》，广州：广东人民出版社，2012年，第26页。

④ 罗香林著：《唐代广州光孝寺与中印交通之关系》，《光孝寺之南汉千佛塔》，1960年，香港：中国学社，第164页。

西铁塔

西铁塔在大殿的西边，建于南汉大宝六年（963）五月十七日，比东铁塔还早四年，是刘鋹的太监龚澄枢同他的女弟子邓氏三十二娘出名铸造的，方形七层，四面铸满小佛。“铁塔峙东西，涂金同一式。突兀镇宝坊，千秋龙象力。”[①] 它的造型、佛像雕刻和东铁塔相仿，但不盘龙，惟刻莲花。相传，此塔初以金装贴，久经岁月也未有重装贴金，故金色剥落，不及东塔之辉煌。[②] 又说，西铁塔为涂金铁塔有误，因东铁塔为刘鋹所铸，故能贴金，龚为太监不能用金贴，只能用银，故有“银塔”之说，即因铁塔贴银所成之故，规制略小，露天放置。此说缺少有力佐证，有待业内专家论证。

在南宋宝庆年间（1225—1227），光孝寺住持和尚了闻建西塔殿（一说是五代建）用以覆盖西铁塔，清《光孝寺志·法界志》记载：“宋住持僧了闻建西塔殿覆之。太监龚澄枢造。今开净社。今志列古迹。”[③] 元泰定元年（1324），住持和尚慈信曾募修一次。

西铁塔图（图片来源：清·顾光等《光孝寺志》）

西铁塔上面四层塔身及其上的塔刹已损毁，仅剩三层塔身和铸铁基座，残高2.8米，加上石座，通高3.7米。至于西铁塔何时被断截不全，只留下三层，有两种说法：一说是清末，因台风把塔殿吹倒塌，把铁塔压断为两截，压崩了四层，现仅存底座以上三层，下半截保存尤好，上半截却不知所终。二说是“西铁塔于抗日战争期间房屋倒塌砸毁四层，1990年新铸四层加上去，名

① 清·顾光、何淙修撰：《光孝寺志》卷十一《题咏志上》，中山大学中国古文献研究所整理组点校，北京：中华书局，2000年，第150页。

② 清·顾光、何淙修撰：《光孝寺志》卷三《古迹志》，中山大学中国古文献研究所整理组点校，北京：中华书局，2000年，第41页。

③ 清·顾光、何淙修撰：《光孝寺志》卷一《法界志》，中山大学中国古文献研究所整理组点校，北京：中华书局，2000年，第14页。

光孝寺南汉西铁塔（图片来源：[日]森清太郎《岭南纪胜》）

曰修复，因不协调，现已拆下”[1]。因此，西铁塔不像东铁塔那样完整，实属千古遗憾。

1913年，军乐队借用西铁塔一带为训练场所。1945年，抗战胜利后，“殿西北、旧有西廊，廊有南汉西铁塔。今廊屋及塔顶已毁，而塔座及下截尚存，烈日严风，日加侵蚀”[2]。西铁塔长期安置在西厢之室外露天院内的石刻须弥座上，虽然只剩铸铁基座和三层塔身，但仍为历史文物。在清《光孝寺志》西铁塔插图中题有释源子的一首五律，概括了西铁塔的缘起及历史：

西塔亦峨然，事乃龚监举。
所少在盘龙，高并东坮处。
三十二娘名，弟子称是女。
中有佛图澄，不解相轮语。[3]

① 清·翁方纲著：《粤东金石略补注》，欧广勇、伍庆禄补注，《南汉光孝寺铁塔识》，广州：广东人民出版社，2012年，第27页。

② 罗香林著：《唐代广州光孝寺与中印交通之关系》，《广州光孝寺之沿革》，香港：中国学社，1960年，第29页。

③ 清·顾光、何淙修撰：《光孝寺志》，《插图》，中山大学中国古文献研究所整理组点校，北京：中华书局，2000年，第11页。“三十二娘名”，《光孝寺志》“三十三娘”，疑抄误。

光孝寺西铁塔，未安装塔棚前的样子

铸铁基座分为上下两层，两层之间的四个角上，各铸有一个力士，力士的形象在光孝寺西铁塔装饰中也有生动的表现。西铁塔下端莲花造型之上的塔基四角，各有一力士支撑，力士脚踏莲花，头顶座基，不禁使人想起古希腊建筑中的人像柱。而莲花铁座的上面，则有三层铸铁塔身，每层塔身的四个面上都铸满了佛像，除了正中佛龛中的佛像较大外，四周皆有小佛。据统计，第一层有208尊佛像，第二层有208尊佛像，第三层有132尊佛像，共计548尊佛像，如果计及上部已损毁的四层塔身上的佛像，

光孝寺西铁塔细节

光孝寺西铁塔佛像

光孝寺西铁塔佛像

光孝寺西铁塔佛像

光孝寺西铁塔角力士

估计应有一千尊佛像。资料称：

> 西铁塔七层四方形，每层塔檐飘出，铸有飞天、飞鹤、飞凤。檐角各类神兽，檐下莲花角柱。西铁塔塔座之上的仰莲，饱满圆润，充满生命力。铁塔四面大佛龛皆铸有佛像：塔东上面“卢迦舸佛”、下面“释迦佛”，塔西上面“牟尼佛”、下面“弥勒佛”，塔南上面“卢舍舸佛”、下面“弥勒佛”，塔北上面“毗舍浮佛”、下面“药师佛”。[①]

① 李仲伟、林子雄、崔志民编著《广州寺庵碑铭集》，《西铁塔铭》，广州：广东人民出版社，2008年，第10—11页。

光孝寺西铁塔角力士，表现『托举』功能

除此之外，西铁塔中的云气、仙鹤、飞天等形象造型生动，其中与云气纹组合的飞天形象尤其优美，每面有六个飞天形象，两个一组对称置于云气纹左右，飞天造型飘逸，裙裾飞扬，其中一个舒展双臂，回首瞭望，另一个以侧面造型出现，双手捧物向前方飞翔。飞天浮雕在同类器物中较为罕见，具有敦煌的艺术风格。

木石塔亭下的西铁塔，塔亭为2019年搭建

光孝寺
廣種福田

光孝寺西铁塔（西面）

西铁塔拓片

鉴藏印：月色女拓古器全形（朱文）、广州檀度庵画梅尼月色壬戌归顺德蔡寒琼后手搨南天金石与金石外及古物全形之记（朱文）

塔上刻文释文：玉清宫使、德陵使、龙德宫使、开府仪同三司行内侍监、上柱国龚德枢同女弟子邓氏三十二娘，以大宝六年（963）岁次癸亥五月壬子朔十七日戊辰铸造，永充供养。

拓片规格：民国十五年（1926），广州光孝寺西铁塔拓片，高6.6米，上宽9.5米，下宽1.65米，是谈月色手拓、旧藏。

收藏者：谈月色（1891—1976），女，原名古溶，又名溶溶，人称溶傅，广东顺德北滘龙涌人。秀外慧中，善梵音，娴书画。晏殊诗有“梨花院落溶溶月”，遂字月色，以字行，晚号珠江老人。为民国著名学者蔡哲夫之妻，广东国画研究会成员。曾师从黄宾虹，工诗善画，其篆刻、瘦金书、画梅驰誉海外。作品常用“比丘尼古溶”“广州檀度庵比丘尼古溶”等印，不讳言曾为尼。

东铁塔

东铁塔在大殿的东边，比西铁塔晚铸四年，是唐朝末年至五代时期南汉皇帝刘鋹在大宝十年（967），用其名义捐铸的。本寺住持僧成监圆德有《千佛塔》诗云："幸留铭子在，霸业未全输。"南汉后主刘鋹建塔四年后国亡，万寿无疆，固已成墟。

光孝寺东铁塔北面局部

宋端平年间（1234—1236），本山住持僧绍喜将塔从开元寺移到光孝寺内，并建造了塔殿加以保护，成为光孝寺的重要法物。东铁塔初以金装佛像，后人讹传为铜。清《光孝寺志·法界志》记载："宋住持僧绍喜从开元寺移安于此。初以金装佛像，故后人讹传为铜。今志列古迹。"[①] 明正统十四年（1449）住持僧广演重修东铁塔。清乾隆年间曾两次加贴金箔，分别是乾隆二年（1737），僧密深捐赀塔上装金；乾隆十三年（1748），僧愿广捐赀塔上装金。现存塔殿经乾隆二年重修，塔上金箔则荡然无存，此可谓"涂金衲子布多赀，七级巍峨绀宇垂。天庆观中诸像废，霸图终待读铭知"[②]。民国时期，东铁塔"变成七零八落，解放后由党和人民政府向各处搜寻拼凑成原形成七级，并盖以塔殿，以便瞻览"[③]。通过如上资料，可以大概想见光孝寺东铁塔历代修葺的情况。

东铁塔图（图片来源：清·顾光等《光孝寺志》）

① 清·顾光、何淙修撰：《光孝寺志》卷一《法界志》，中山大学中国古文献研究所整理组点校，北京：中华书局，2000年，第14页。

② 冯彤文：《题光孝古迹·东铁塔》，见载于清·顾光、何淙修撰：《光孝寺志》卷十二《题咏志下》，中山大学中国古文献研究所整理组点校，北京：中华书局，2000年，第166页。

③ 觉澄：《广州古迹光孝寺被破坏经过概略》。

光孝寺东铁塔

● 光孝寺内东铁塔，铸于南汉大宝年间，至今千余年

东铁塔为一座平面四方形七层空心宝塔，以铁铸成，由铁铸莲花塔座、七层塔身和塔刹组成，各边宽约1.35米、高6.35米，放置在高1.34米的石雕须弥座上，座宽2.28米，通高7.69米，每层渐缩趋窄如竹状，全塔共铸有九百多个佛龛，龛内藏有小佛像，工艺精湛。东铁塔至今塔身仍保存完整，但塔表面的佛像磨损严重。铁座的四面又分别铸有“飞仙”“行龙火珠”“升龙降龙火焰三宝珠”等图案，造型生动，屈曲有力，线条优美，变化活泼。西面塔身上刻唐碑风格的铭文，八行、楷体：

> 大汉皇帝以大宝十年丁卯岁，敕有司用乌金铸造（《铭集》多“□”字，罗氏多“此”字）千佛宝塔一座（《铭集》、罗氏作“所”，讹误）七层并相轮，莲花座高二丈二尺。保龙躬有庆，祈凤历无疆，万方咸底（《铭集》、罗氏作“使”，讹误）于清平，八表永承于交泰。然（《补注》作“□”）后善资三有，福被四恩。以（《铭集》作“于”）四月乾德节，设斋庆赞，谨记。①

在莲花铁座之上，每层塔身的四个面上都铸满佛像，塔身每个面的正中有一佛龛，佛龛内供奉着一尊弥勒佛，大龛外遍布小佛龛，小佛龛中供奉小佛像，全塔共铸有1024尊佛像浮雕，工艺精巧。当年，全塔贴满了金箔，故被称为涂金的“千佛塔”。其千佛浮雕与西铁塔相仿，莲花底座添铸盘龙纹饰，每层塔身四角飘出稍有弧度的塔檐，塔檐上还铸有飞天、飞鹤、飞凤等图像。由于年代久远，现在塔上的金箔已荡然无存，只呈现出铁塔之原貌，仍然庄重、美观。

历史上的石塔、砖塔、木塔、金塔、银塔都很多，但铁塔极少，所以光孝寺的铁塔极为珍贵。该铁塔的设计合理，外形美观，铸造工艺较复杂，反映了当年岭南地区已具有和中原地区同样

① 清·翁方纲著：《粤东金石略补注》，欧广勇、伍庆禄补注，《南汉光孝寺铁塔识》，广州：广东人民出版社，2012年，第26页；罗香林著：《唐代广州光孝寺与中印交通之关系》，《光孝寺之南汉千佛塔》，香港：中国学社，1960年，第167页。又载于李仲伟、林子雄、崔志民编著：《广州寺庵碑铭集》，《西铁塔铭》，广州：广东人民出版社，2008年，第11页。

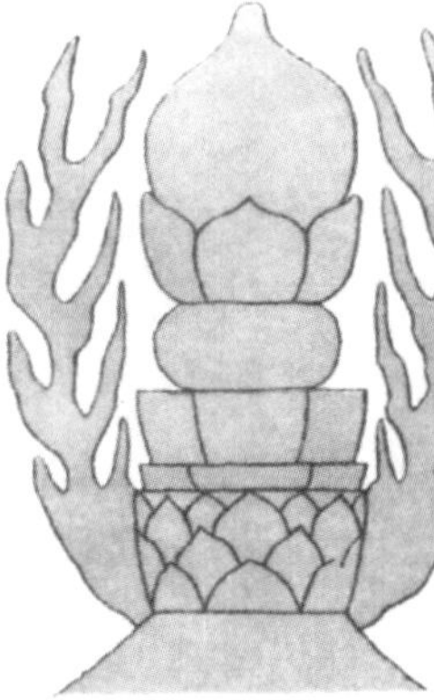

光孝寺铁塔（东）相轮

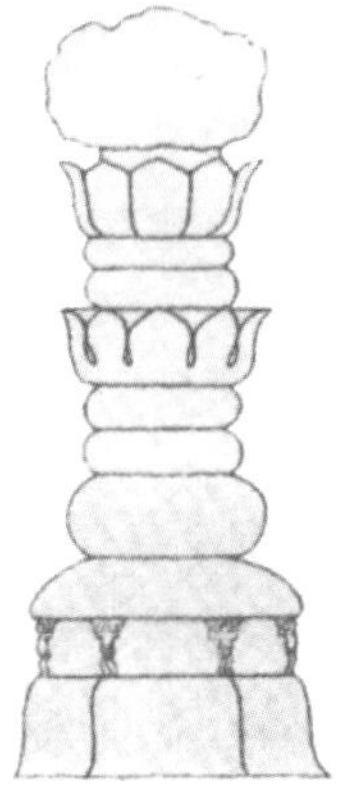

光孝寺铁塔（西）相轮

高度的冶铸工艺水平。

康熙三十二年（1693），朱彝尊[①]晚年第二次到广州，并专门到光孝寺拜谒。与陈元孝[②]同游光孝寺，特意撰写《广州光孝寺铁塔记跋》《续书光孝寺铁塔铭后》[③]两篇铁塔文章，

光孝寺东铁塔塔座南面

① 朱彝尊，1629—1709，清代词人、学者、藏书家。

② 陈恭尹，1631—1700，字元孝，初号半峰，晚号独漉子，又号罗浮布衣，广东顺德（今佛山市顺德区）人，著名诗人。与屈大均、梁佩兰并称“岭南三大家”。

③ 清·朱彝尊：《曝书亭集》卷四十六，民国《四部丛刊》影印本。

东塔殿殿顶木棉花与通风窗

光孝寺东铁塔（东北面）

文字虽然不长，但是内容却很有特点，文中分析了刘鋹的人品，挽回了卢膺的名声。

前人对东铁塔多有诗词咏颂，辑入清《光孝寺志》就有十多首，其中在东铁塔插图中题有镜潭冯继龄的一首五律，叙述了东铁塔的缘起及历史：

> 旧是开元寺，移来七宝光。
> 相传谓南汉，铸铁祝无疆。
> 历历诸司欵，明明选佛场。
> 怪他持戒侣，倾橐事金装。[①]

此诗把东铁塔的来源、建造时间、意义、题识、新饰等史实全都概括其中。

① 清·顾光、何淙修撰：《光孝寺志》，《插图》，中山大学中国古文献研究所整理组点校，北京：中华书局，2000年，第10页。

五　宋代光孝寺

光孝寺的部分主要殿堂，在宋代历经重修，多被保存下来。如始建于东晋的大雄宝殿，唐代的瘗发塔、风幡堂，现存的是宋代的建筑古迹，保存了宋代建筑形制。宋朝还新建了六祖殿。

光孝寺于唐朝时有六堂十二殿，占地方圆三里。到了宋代，经过两宋三百多年的建设，光孝寺的建筑格局逐步完善起来，寺院规模也相当大，香火鼎盛，僧众多达130人。光孝寺自南宋绍兴七年（1137）至元世祖至元十六年（1279）为鼎盛时期，殿堂建置，规模空前。自清道光以后，逐步衰落。2007年的光孝寺占地面积只有3.15万平方米，古迹只存山门、天王殿、大雄宝殿、瘗发塔、大悲幢、西铁塔、六祖殿、伽蓝殿、洗钵泉、东铁塔，以及诃子树、菩提树、榕树等古木。

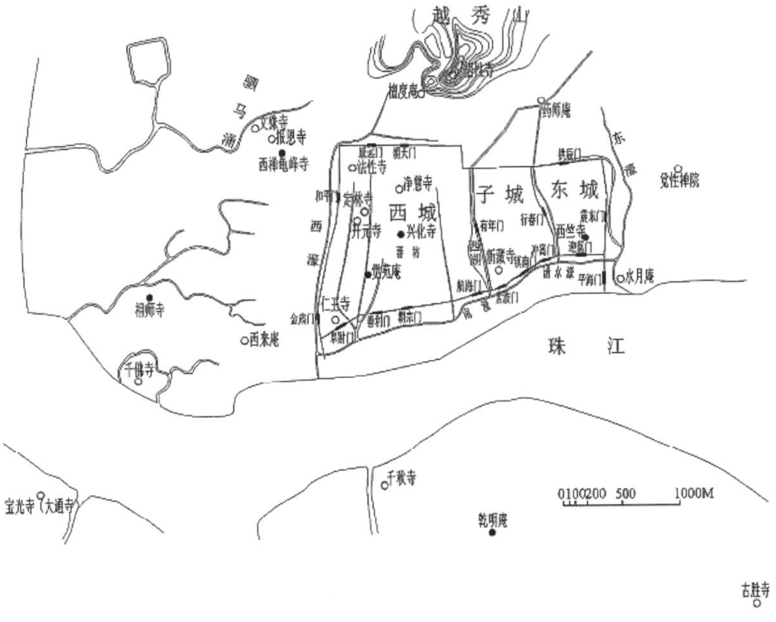

● 宋元时期广州佛教寺院分布图（图片来源：何韶颖《清代广州佛教寺院与城市生活》）

根据清《光孝寺志》记载，南宋咸淳五年（1269）冬，光孝寺遭遇回禄之灾，许多殿阁如译经台、六祖殿、笔授轩、轮藏阁、选僧堂等不幸毁于火灾。这场大火可谓光孝寺历史上一场浩劫。火灾之后光孝寺启动了一次较大规模的重建、重修工程，陆续将毁于火灾的译经台、六祖殿、笔授轩、轮藏阁、选僧堂等各类建筑重建。

宋代是光孝寺建设大发展的时期，据清《光孝寺志》记载，寺内的殿堂院阁，大部分是在这一时期兴建的。

宋大中祥符年间（1008—1016），为纪念禅宗六祖惠能在光孝寺落发剃度，初开“东山法门”，弘扬“顿悟”之教，由檀越郭重华捐资，创建六祖殿，匾曰“祖堂”。同一时期，光孝寺又获朝廷赐藏经一部，当时担任南海牧的何延范同住持守荣一起奏请建轮藏阁三间，供奉所赐藏经。宋政和三年（1113），在住持僧宗恺主持下，在郡人林修同的捐助下，轮藏殿三间落成。宋元祐年间（1086—1094），为纪念唐相房融在光孝寺译经，广州知府蒋之奇捐资兴

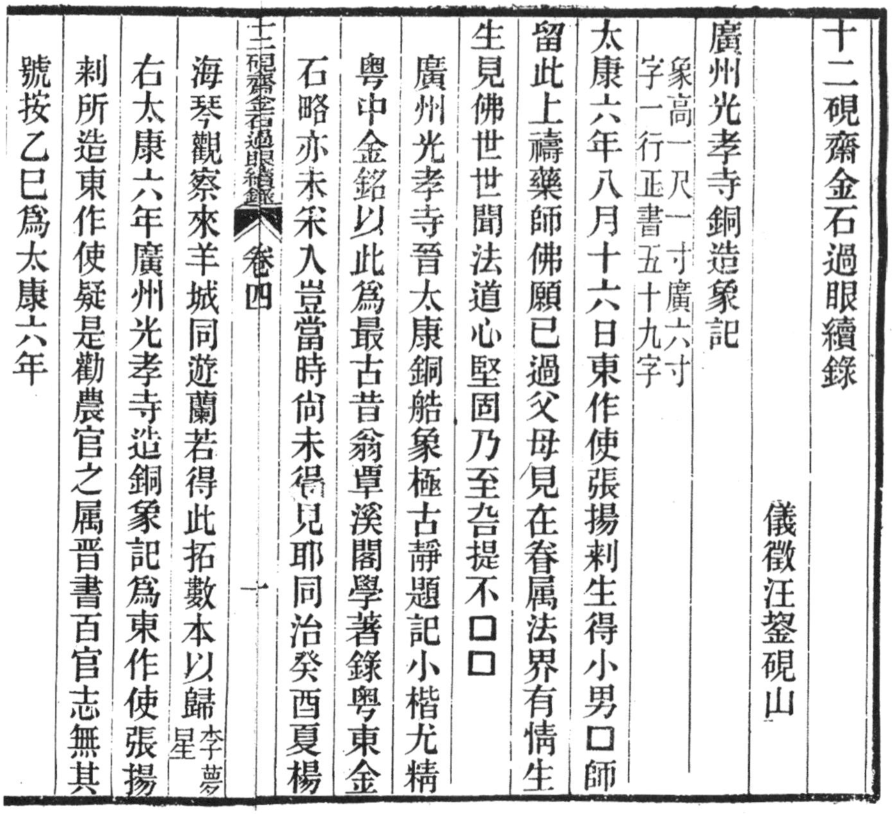
十二硯齋金石過眼續錄

儀徵汪鋆硯山

廣州光孝寺銅造象記

象高一尺一寸廣六寸 字一行正書五十九字

太康六年八月十六日東作使張揚刹生得小男口師留此上禱藥師佛願已過父母見在眷屬法界有情生生見佛世世聞法道心堅固乃至沓提不口口

廣州光孝寺晉太康銅艁象極古靜題記小楷尤精粵中金銘以此為最古昔翁覃溪閣學著錄粵東金石略亦未采入豈當時尚未得見耶同治癸酉夏楊海琴觀察來羊城同遊蘭若得此拓數本以歸 李夢星

右太康六年廣州光孝寺造銅象記為東作使張揚刹所造東作使疑是勸農官之屬晉書百官志無其號按乙巳為太康六年

十二硯齋金石過眼續錄 卷四 一

● 广州光孝寺铜造像记（《十二砚斋金石过眼续录》）

建笔授轩、译经台、潇洒轩。宋咸淳五年（1269）冬，笔授轩被焚，住持僧祖中募缘重建。宋宝庆年间（1225—1227），为保护南汉西铁塔，住持僧了闻建西塔殿。宋端平年间（1234—1236），住持僧绍喜将南汉后主铸造、置于开元寺的千佛铁塔移到光孝寺，安放在大雄宝殿之东，与西铁塔遥相呼应，因而被称为东铁塔。为保护东铁塔，绍喜还建了一座塔殿，称东塔

光孝寺禅堂

辽大康六年（1080），光孝寺药师铜佛像

殿。又在宋嘉熙年间（1237—1240），绍喜将东廊外的选僧堂三间改建为禅堂，此为光孝寺禅堂见诸记载之始。建于宋代的殿堂还有：内鉴阁三间（1151年住持僧慈轼建），弥勒阁三间（1163—1164年住持僧智显建），方丈、库院（1165—1173年住持僧庆珠重建），仪门、大门、浴院（1174—1189年住持僧子超建），罗汉阁三间（1184年住持僧祖荣兴建），延寿库（1244年住持僧一麟建），钟楼、鼓楼（住持僧空山建，具体建造年代不详）。历代住持僧对寺院原有建筑也进行了重修，寺院建筑格局也逐步完善，形成了较具规模的佛教丛林。

天王殿·仪门金刚四天王

天王殿乃进入山门后第一重殿。天王殿旧系三门金刚殿，后作仪门，由宋住持僧子超建，创建年代不详。天王殿于明天顺五年（1461）、嘉靖十九年（1540）及万历三十九年（1611）三度重修及修饰，清乾隆年间称为仪门。明万历三十年（1602）僧明启书仪门匾额“真如法界”。明天启三年（1623），憨山德清书其龛匾“金刚心地”。仪门后悬挂另一“诃林”牌匾，乃明万历四十年（1612）翰林区大相手书，迄今已有四百余年。山门前曾悬挂一副明末四大高僧之一憨山德清所撰写的楹联：“禅教遍寰中兹为最初福地，祇园开岭表此是第一名山。”作为六祖惠能剃度之地，称其为禅门的“最初福地”和岭南的“第一名山”，可谓贴切、恰当，光孝寺当得起这一美誉。清乾隆三十四年（1769），住持僧

从东区望天王殿

● 19世纪80年代，光孝寺天王殿内的四大天王，分别是手持利剑的南方增长天王、手握琵琶的东方持国天王、手执雨伞的北方多闻天王、手捏龙蛇的西方广目天王（从右至左）。分别职“风”“调”“雨”“顺”之责， 寓意“五谷丰登”“国泰民安”

圆德重建大门时，对仪门金刚殿加以修建，“计费白金一千二十两有奇。募捐得赀五百八十六两零，圆德自捐赀四百三十四两”[①]。天王殿与大雄宝殿和伽蓝殿的建筑风格迥异。天王殿细长的石檐柱，小尺度的梁枋用材断面，高敞的室内空间更像清末岭南的民间殿堂。

① 清·顾光、何淙修撰：《光孝寺志》卷二《建置志》，中山大学中国古文献研究所整理组点校，北京：中华书局，2000年，第33页。

● 天王殿脊兽

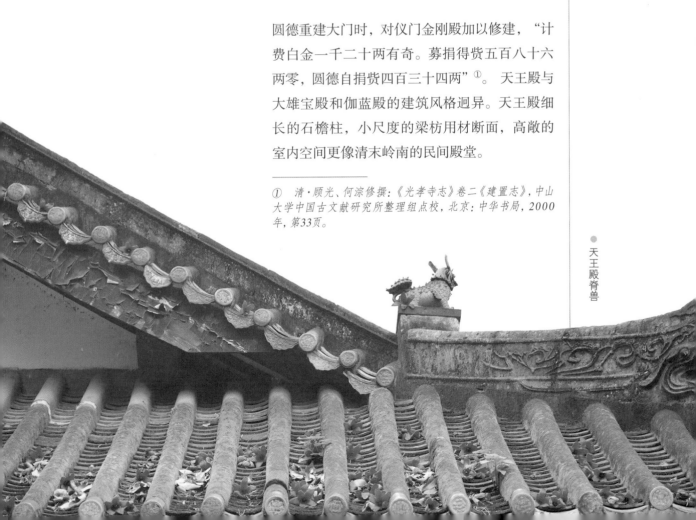

现代，天王殿内的四大天王

天王殿弥勒菩萨

弥勒菩萨背面供奉的是佛教寺庙中的『护法神』韦驮尊天菩萨

天王殿远景

天王殿中间供奉弥勒菩萨，两旁为四大天王。背面供奉护法韦驮尊天菩萨，护寺安僧，修学办道。天王殿按照古时“伽蓝七堂”的营造法则而建，是联系东、西两廊的纽带。其高度不超过大雄宝殿，形制为五开间的单檐歇山顶。主体结构由梁柱斗拱组成，墙体起到围绕遮蔽作用，这种通透的结构不仅适合应对人流拥挤的局面，也符合南方多雨潮湿的环境要求。

天王殿后香炉

泰佛殿

泰佛殿，旧称“伽蓝殿”。关于昙摩耶舍开山时期光孝寺的伽蓝殿形制和规模已不可考。殿位于大雄宝殿东侧，据清《光孝寺志》载，其创建时间不详，明天顺五年（1461），住持僧道遂修饰伽蓝像，明弘治七年（1494）住持僧定俊、僧戒钦募缘重修，至明嘉靖、隆庆年间（1522—1572）废为书舍，天启七年（1627）僧通炯等率十方僧赎回，改为禅堂接待十方。殿内左右六椽栿下分别刻字“提督监修鼎建殿宇四廊一新提点继庵宗裔仰山戒钦识”“大明弘治七年十月二十乙亥　敕赐本寺

清顺治十一年（1654）光孝寺伽蓝殿，殿前一株大古榕，今不存

泰佛殿位于大殿东侧，菩提树的南边，与西侧的吉祥殿相呼应。泰佛殿目前不作客堂，客堂先后移至东区南回廊处，2016年新建东回廊辟为客堂

住持秀峰　定俊建”。万历三十九年（1611）本寺僧论田捐资重修。清乾隆年间复为伽蓝殿。

1935年伽蓝殿，今改称泰佛殿

殿为面阔三开间、进深三开间的单檐歇山顶建筑，进深大于面阔，平面接近方形，具有岭南建筑大进深特征，清代规格式样。殿顶为绿筒瓦面，绿灰琉璃檐口剪边的单檐歇山顶建筑，高9.08米。由于两山收山较大，柱有侧脚和生起，整体构造稳定。而正脊两端生起，屋面呈内凹双曲面，配合深远的出檐和翼角高高的起翘，又使整个建筑屋顶显得轻盈飘逸，有振翅欲飞之态。

殿的屋顶形制与大雄宝殿和六祖殿相同，但规模较小。不同的是，屋顶上覆绿筒瓦面，檐口绿灰琉璃瓦收边，屋

泰佛殿通风尖窗

脊是具有岭南风格的砖砌灰塑。脊正中立一黄色琉璃葫芦。垂脊采用瓦当将军造型收口，戗脊则是用鱼尾造型。所有脊面均饰灰塑卷草，黑地白章，造型流畅生动。屋面举折平缓，造型舒展，岭南地方建筑特色显著。

该殿十架椽屋前后乳栿用四柱，月梁承重，檐柱在顶端有卷杀，柱有侧脚，柱础形式各不相同。由于多次修缮，柱础大小、高低不一，规格多样。但檐柱基本是方形底座，上转圆形承台，高者呈中间束腰状，而内柱柱础则较为低矮简单。

该殿现有的窗都是后期修复所设，均为从横木条分割的格子窗。民国时期东西山墙为实墙，20世纪50年代增设格窗，木窗则是直棂式，格子窗具有民国时期的样式，色彩上与大雄宝殿和六祖殿相同。心间的门扇采用了云形花满洲式门，下为左右两分裙板，仿自大殿门的形式。

● 余雪芹题光孝寺泰佛殿联

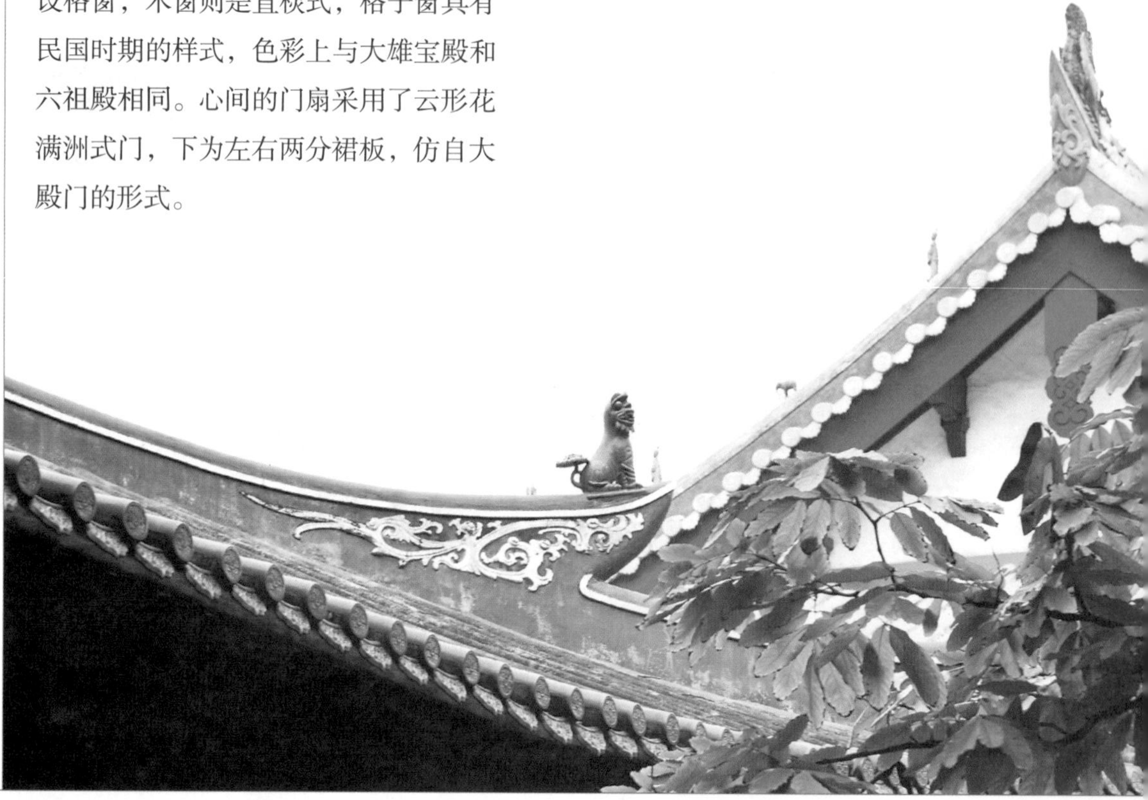

● 泰佛殿脊兽

●1986年3月26日，泰国友人赠送佛像供奉在光孝寺泰佛殿

该殿在维修前曾作为客堂使用，现供奉20世纪80年代泰国教育部副部长与副僧王赠送的释迦牟尼铜像，故又称泰佛殿。

该殿是光孝寺现存年代最早的木构建筑，历次的修缮都未动及殿堂的主体结构，其与六祖殿均保持了岭南古代建筑艺术的独特形制。尽管该殿一些部位的做法与建筑历史原貌存在不太一致的地方，但仍为国内古建筑珍宝。

六祖殿

● 六祖殿匾额：祖堂

六祖殿在大雄宝殿东北侧，始建于宋大中祥符年间（1008—1016），檀越郭重华在大殿东北建六祖殿，匾曰“祖堂”。宋咸淳五年（1269）冬六祖殿遭回禄之灾，住持僧祖中募缘重建。明天顺三年（1459）重修。成化七年（1471）建殿外拜亭一座。嘉靖二十六年（1547）重修拜亭及栏于阶石，崇祯二年（1629）重修拜亭增深数尺及垒高菩提围石并天阶栏杆。清康熙三十一年（1692）本山住持无际捐资重建六祖殿。今六祖殿脊栋下刻“大明天顺三年岁在己卯拾

● 1928年，日本人常盘大定一行所拍光孝寺六祖殿

● 光孝寺六祖殿屋顶装饰
（图片来源：[日]伊东忠太《中国古建筑装饰 下》）

● 光孝寺六祖殿山尖通风窗

余晖下的六祖殿

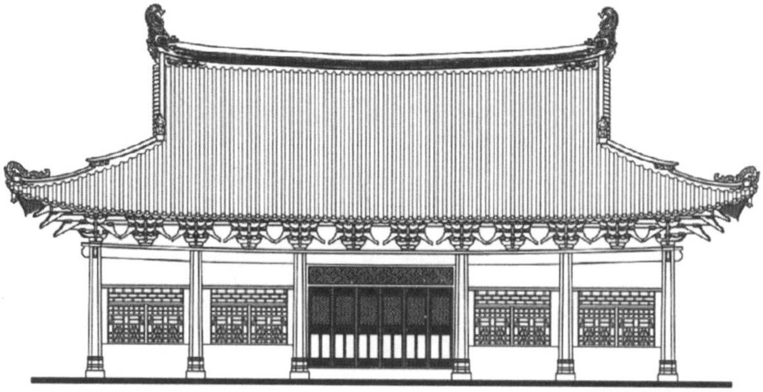

六祖殿正立面图（图片来源：程建军《梓人绳墨：岭南历史建筑测绘图选集 》）

二十世纪五六十年代广州光孝寺六祖殿侧面（图片来源：程建军《古建遗韵 岭南古建筑老照片选集》）

贰月拾壹日己巳良吉　少监裴诚　奉御杜乔等同净慧禅寺住持鼎建”字样，与《光孝寺志》记载的重修相吻合。六祖殿虽经清代大修，仍保留宋代风格。

六祖殿与大雄宝殿和伽蓝殿除用材规格和建筑规模略有差异外，高大粗壮的梭形柱、侧脚、生起、月梁，以及平缓的举折和深远的出檐，都是宋代建筑风格。历经南宋末年大火损毁后重建，现存建筑为清康熙四十五年（1706）重建后的建筑样貌。六祖殿面阔五开间，进深三开间，殿内用料粗大。正立面六根石柱与背立面梢间外侧两根石柱断面为八角形，其余为圆形，这种做法在光孝寺中是唯一一例，从形式上与墙身断面较为契合，用料上适应南方气候特点。后金柱则保留着双瓣覆莲柱础。柱础上部为圆柱形，下部青石覆莲柱础较高。无天花，无侧脚。单檐歇山顶，上覆绿琉璃瓦。与大雄宝殿形制相同，也有举折做法，屋脊和檐柱均有生起，顶部收山不到一开间。檐角起翘不及岭南屋角起翘高度，也没有北方建筑平缓，较为适中。其平面柱网规整，采用宋式双槽平面形式。

六祖殿在桷板上采用的是铁制瓦挡，可防止瓦面下滑，这种瓦挡面部分厚5毫米，宽45毫米，高70—80毫米，下有方钉以固定在木桷板上用以挡瓦，上

六祖殿柱联

六祖殿前的对联

下间隔约1米。这种瓦挡在岭南地区属首次发现，形制较为罕见，且较大殿采用的竹制瓦挡更耐久。六祖殿无月台和栏杆，除琉璃瓦色彩与大雄宝殿不同外，其余均相同，屋脊灰塑处理有岭南建筑风格。大殿心间门扇的角门以及六祖殿原有窗式均为直棂窗的样式，格子窗无规则。六祖殿与伽蓝殿均保持岭南古代建筑艺术的独特形制，蕴藏丰富的文化和历史价值。

六祖殿在桷板为防止瓦面下滑的措施用的铁制瓦挡，上图为瓦挡构造，下图为六祖殿铁制瓦挡与方钉（图片来源：程建军、李哲扬《广州光孝寺建筑研究与保护工程报告》）

六祖殿灰塑卷龙、忍冬草脊饰细部，单檐歇山顶，覆绿琉璃瓦

禅堂

在南朝寺院中是有禅堂之设的。光孝寺禅堂位于六祖殿东北侧，绿琉璃瓦歇山顶仿古建筑，为清代建筑风格，与寺院整体环境相协调。

禅堂木牌

禅堂为一座三开间建筑，在东廊外原毗卢殿后，即旧选僧堂址。宋嘉熙年间（1237—1240），住持僧绍喜将东廊外的选僧堂三间改建为禅堂，此为光孝寺禅堂见诸记载之始；明天启六年（1626），沙门通炯等募檀越何相国等捐资修建禅堂，拆毁时间不详。

1988年，光孝寺重修总体规划将禅堂放在拟新建建筑之列。直至2009年，光孝寺邀请华南理工大学程建军老师对禅堂进行设计。

禅堂匾额与门扇

禅堂内匾额

明代毗卢遮那佛，现供奉于禅堂

六祖惠能像

行香

【禅堂钟板】 钟板是龙天之号令，也是丛林禅修中大众二六时中起到的眼目。钟为寺院报时、集众所敲打之法器。佛教在印度，召集大众时常击木制之揵椎，在我国则常使用铜钟。大钟悬挂在钟楼，小钟即报钟悬挂在佛堂、禅堂。

禅堂是寺院的核心，报钟每天最早敲响，然后钟楼的大钟才接上。报钟下面挂着一块厚木板，光孝寺此板的形状为横长方形。

当年六祖惠能大师开示南岳怀让禅师时说："西天般若多罗谶汝脚下出一马驹（马祖道一禅师），踏杀天下人。"后来临济义玄禅师沿用此谶语，展扬临济家风以接众。有如"马驹踏杀天下人"之纵横无碍，临济钟板样貌为横式，字句为"横行天下"，该宗后学改为"横遍十方"。

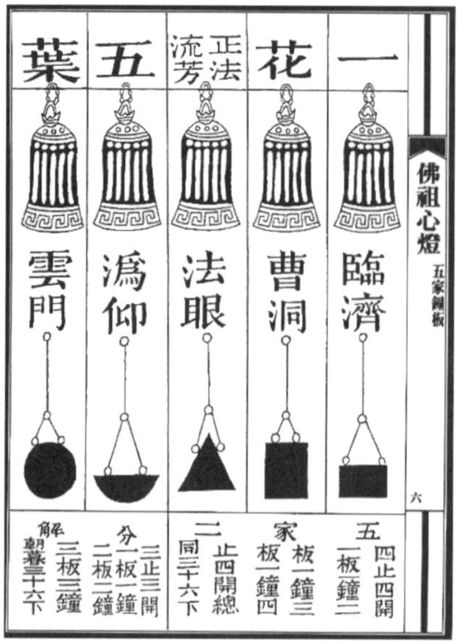

● 五家钟板图

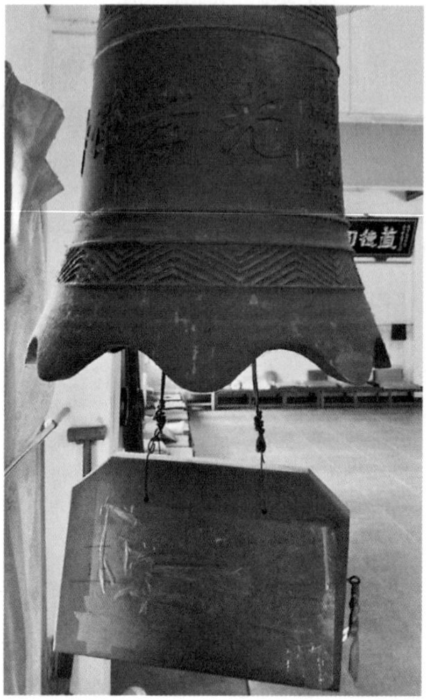

板的形状随五家各异：沩仰宗为下半圆形，临济宗为横长方形，曹洞宗为竖长方形，法眼宗为正三角形，云门宗为圆形。禅宗沩仰、法眼、云门、曹洞、临济五宗的禅堂里挂着形状、尺寸各不相同的各家钟板，也延续着略有差异的钳锤打法，以此表示五家法脉，展扬各宗家风。临济宗以"棒喝门庭"著称，有"临济喝，德山棒"之典故。光孝寺本焕长老在一次禅七开示中告诫学人："一真法界没有方圆不成规矩。"五家钟板就在这方圆之中：临济、曹洞在一尺八寸的方形中求，法眼、沩仰、云门在一尺八寸的圆形中求，这五家钟板的中心同在"禅"这个点上，这个点就是一真法界，又称不二法门。

● 光孝寺禅堂钟板

石狮

● 1928年，日本人常盘大定一行所拍光孝寺殿前石狮

石狮是寺庙运用最为普遍的装饰造型，石鼓、望柱、月台栏板则是石雕装饰最为普遍的建筑构件。光孝寺的石雕技艺融合了圆雕、浅浮雕、高浮雕、镂雕、阴刻等多种技法，散发着浓郁的岭南地方特色。

广州的石狮现存年代最早的当属光孝寺大殿后廊平台砂岩勾栏上的石狮。该砂岩勾栏为南宋年间的撮项云拱单勾栏，十三根望柱头饰雄健的石雕狮子，显得古朴典雅。大殿坐落在一座高1.4米的石台基上，台基四周绕以石

● 二十世纪五六十年代广州光孝寺大殿栏杆（图片来源：程建军《古建遗韵　岭南古建筑老照片选集》）

二十世纪五六十年代广州光孝寺大殿栏杆（左）及其上的望柱头栏杆（右）（图片来源：程建军《古建遗韵　岭南古建筑老照片选集》）

广州光孝寺石狮（图片来源：程建军《古建遗韵　岭南古建筑老照片选集》）

栏杆，石栏杆上等距离分布有望柱，每个望柱头上都装饰一头雄健的半蹲状石狮。四周石栏杆中只有殿后一排的石栏杆为南宋时期的撮项云拱单勾栏，这排勾栏上的石狮中有六头石狮为南宋遗构，其余栏杆与石狮均为后代仿制而成。1971年，大殿前后的走廊的石狮子望柱残缺，左右走廊栏杆被毁。石狮的材质为灰黄色砂岩石，高45厘米，蹲坐在望柱云纹鼓形的平座上。

狮子的前额突出，眼窝深陷，双目圆睁，龇牙咧嘴，下连八字胡。或前望，或侧顾，或回首。胸前围一宽广绶带，中悬响铃，作凸胸蹲坐姿，前肢或踩绣球或抚弄小狮，姿态各异，狮子头上毛发蓬松，比狮头大三倍，双耳后掠。长尾巴长满茸毛，盘曲于后肢之下，其造型受北方影响颇深。可惜这种

光孝寺殿前东区石狮（左）、大雄宝殿前西区灵动的石狮子（右）

大雄宝殿西侧走廊上的石狮，形态各异，生动自在

吉祥殿门右玉石狮

伽蓝殿前左、右石狮

大雄宝殿西区檐下望柱石狮，形态各异灵动

大雄宝殿东北角石栏望柱石狮

大殿斗拱与西围栏石狮

大雄宝殿栏杆明代柱头，石狮造型古朴自然，粗犷有力

石灰砂岩内含铁矿物，质地细密而硬度不高，经不起风雨侵蚀。

大殿北面部分望柱坐狮雕塑形象已面目全非。殿南面东西两翼的双钱纹栏板及坐狮柱头望柱，则是清初扩建大殿时的遗物，望柱头的狮子应为参照现存宋式望柱制作，选用了青色咸水石，易风化。殿东西台明两面的砖砌抹灰栏板望柱，为 20 世纪 50 年代修缮时，仿清代壶门双钱纹栏板所制。

天王殿右红砂岩狮子

大雄宝殿石栏望柱石狮

雨中石狮子

●二十世纪五六十年代广州光孝寺大殿下檐卷龙（图片来源：程建军《古建遗韵 岭南古建筑老照片选集》）

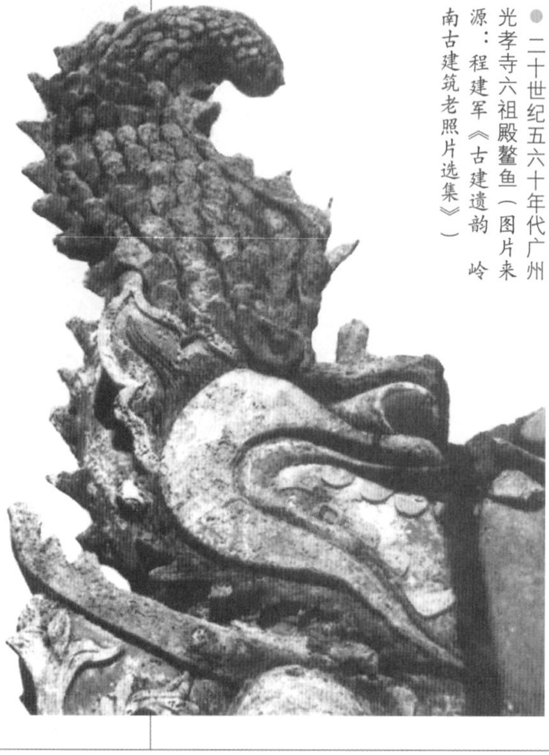

●二十世纪五六十年代广州光孝寺六祖殿鳌鱼（图片来源：程建军《古建遗韵 岭南古建筑老照片选集》）

屋顶脊饰

屋顶脊饰是佛寺建筑装饰的重点之一，按其部位分为正脊、垂脊、戗脊、角脊等。屋顶脊饰最为复杂的当属粤东地区的佛寺，这与当地发达的工艺和地理气候环境有关。广东佛寺建筑脊饰多用龙饰，整个行龙沿屋脊蜿蜒盘旋，在阳光映照下，鳞光点点，似行似止，具有很强的感染力。这与百越族以龙蛇为图腾崇拜有关，也受到当地的民间文化影响。屋顶也有鳌鱼饰和鱼形吻，且正脊与戗脊端部饰以鱼尾、鱼翅和水浪，这应是“以海为田，以渔为利”之故，或以水物镇火灾之寓意。特别是正脊、戗脊端部以龙吻灰塑收尾，脊顶中部多有宝珠装饰，配合素胎陶瓦或绿灰琉璃剪边屋面使用，

二十世纪五六十年代广州光孝寺伽蓝殿宝瓶（图片来源：程建军《古建遗韵　岭南古建筑老照片选集》）

天王殿正脊忍冬草、琉璃宝葫芦脊饰

大雄宝殿西北角的飞檐，正脊龙吻鱼身，垂脊走兽、仙人脊饰

大雄宝殿东北角戗脊卷龙脊饰

大雄宝殿琉璃宝葫芦、忍冬草脊饰

如广州光孝寺大雄宝殿、大佛寺大雄宝殿等。

光孝寺大雄宝殿建筑脊饰中的鸱吻与前方垂兽便采用龙形装饰，鸱吻俗称“吞脊兽”，位于屋顶两端，中国传统建筑中的鸱吻多为龙形饰物。光孝寺大雄宝殿鸱吻采用传统形式，两龙相对，张口紧咬正脊，卷尾、大嘴、鳞身，将龙与鱼的形象组合到一起。垂兽的龙形特征更加鲜明，龙口含垂脊，身体翻卷，两爪挥舞伸向天空，另两爪紧抓垂脊，造型生动。龙形装饰在东、西铁塔上也有体现，两塔塔身底部，四面均装饰有一组双龙拱璧的浮雕，双龙身体呈S形，围绕

大雄宝殿西北角飞檐戗脊卷龙脊饰

● 二十世纪五六十年代广州光孝寺大殿上檐鳌鱼（图片来源：程建军《古建遗韵 岭南古建筑老照片选集》）

中间的佛教器物相对而立，造型或盘卷或舒展，神态飞扬。山门殿、天王殿、伽蓝殿、地藏殿、吉祥殿、泰佛殿、六祖殿、禅堂等屋面举折平缓，造型舒展，上覆筒灰瓦垅，檐口用绿琉璃瓦当收边。屋脊采用砖砌灰脊，较为朴实。正脊两端生起，端部用灰塑鳌鱼造型脊饰，灵巧生动。脊正中立一黄色琉璃葫芦。垂脊采用瓦当将军造型收口，戗脊则是用鱼尾造型。

● 卧佛殿灰塑龙船戗脊

光孝寺大雄宝殿的屋顶装饰中还有忍冬草的造型。屋顶结构为歇山重檐式，屋顶正脊以忍冬草与凤鸟结合为题材进行浮雕装饰，中心部位雕刻蔓延翻卷的忍冬草二方连续图形，枝繁叶茂、生机盎然，两侧叶丛中各雕一绿色凤鸟，左右呼应，使中心的忍冬草浮雕强烈突出。同时垂脊等部位也用忍冬草浮雕进行装饰，以单独纹样或二方连续的形式运用在脊身或挑角部位。

所有脊面均饰灰塑卷草，黑地白章，造型流畅生动，岭南地方建筑特色显著。

● 大雄宝殿下檐脊角卷龙形吻、忍冬草脊饰

● 东塔殿顶正脊与灰塑忍冬草脊饰

脊饰仙人与力士

光孝寺建筑装饰中的人物塑像包括仙人和力士。大雄宝殿的脊饰强调人物造型，以仙人与力士为主，其间穿插小兽，特别是仙人的形象，屋顶前侧和后侧的左右垂脊上共塑造了六个仙人造型。

而大雄宝殿建筑装饰中仙人形象作为脊饰多次出现，极具岭南地区宗教建筑装饰的特点，既突出人物在脊饰中的主体位置，同时体现了宗教人物图像特征的并融性特点，这在其他地区佛教建筑中是不多见的。中国是佛道并存的国家，佛教思想混合着得道成仙的道教思想，二者在冲突中进行着融合。

● 寺内殿堂脊饰图案

● 光孝寺旧山门殿顶瓦将军、忍冬草、龙吻鳌鱼身脊饰

大雄宝殿的建筑脊饰除了仙人以外还有力士人物形象——瓦将军，位于殿垂脊部位、仙人之间的方形台座上，比例大于仙人造型，左右各一，造型略有差异。两位力士身穿盔甲端坐台基之上，肩宽背阔、英姿飒爽。佛教造像中的力士形象象征了某种神力，庇护着天国神圣的净土，庇护着信众的灵魂。

●二十世纪五六十年代广州光孝寺六祖殿瓦将军（图片来源：程建军《古建遗韵 岭南古建筑老照片选集》）

吉祥殿或玉佛殿上瓦将军、忍冬草、龙吻脊饰

光孝寺钟楼、地藏殿顶仙人脊饰

大雄宝殿垂脊仙人、走兽脊饰

脊饰蹲兽

中国古建筑的檐角屋脊上常常排列数目不等的小动物作为装饰，如正脊上的鸱、垂脊上的垂兽、戗脊上的走兽等，这些美丽的装饰品是中国建筑装饰的一大特点。

伽蓝殿脊饰仙人

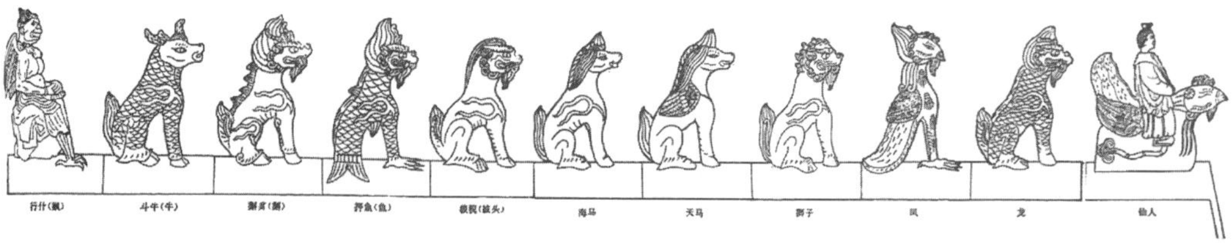

明清"仙人走兽"脊饰（图片来源：刘大可《中国古建瓦石营法》）

脊饰走兽，因作犬科动物蹲伏状，因而又称"蹲兽"，共十一件，各有名称，各有象征。按照清制，只有皇家的大型殿宇才能满排十一件，其余最多为九件一套，少则仅列三件。无论数量多少，领头的仙人，殿后的垂兽是必须摆放的。光孝寺大殿屋顶的脊饰甚为繁华，分为正脊、吞脊与蹲脊三种。其中正脊饰为忍冬草与凤鸟题材之类的浮雕；吞脊为龙形立体雕刻；蹲脊亦为立体雕刻，从前至后依次为麒麟—仙人—狮状小兽—仙人—小象—仙人。

套兽是中国古代建筑的构件之一，即套在屋檐之下仔角梁的预留榫上的兽头形陶质装饰构件，既美化了檐角又可防止屋檐角遭到雨水侵蚀。

光孝寺祝圣殿（即今大雄宝殿）仙人走兽

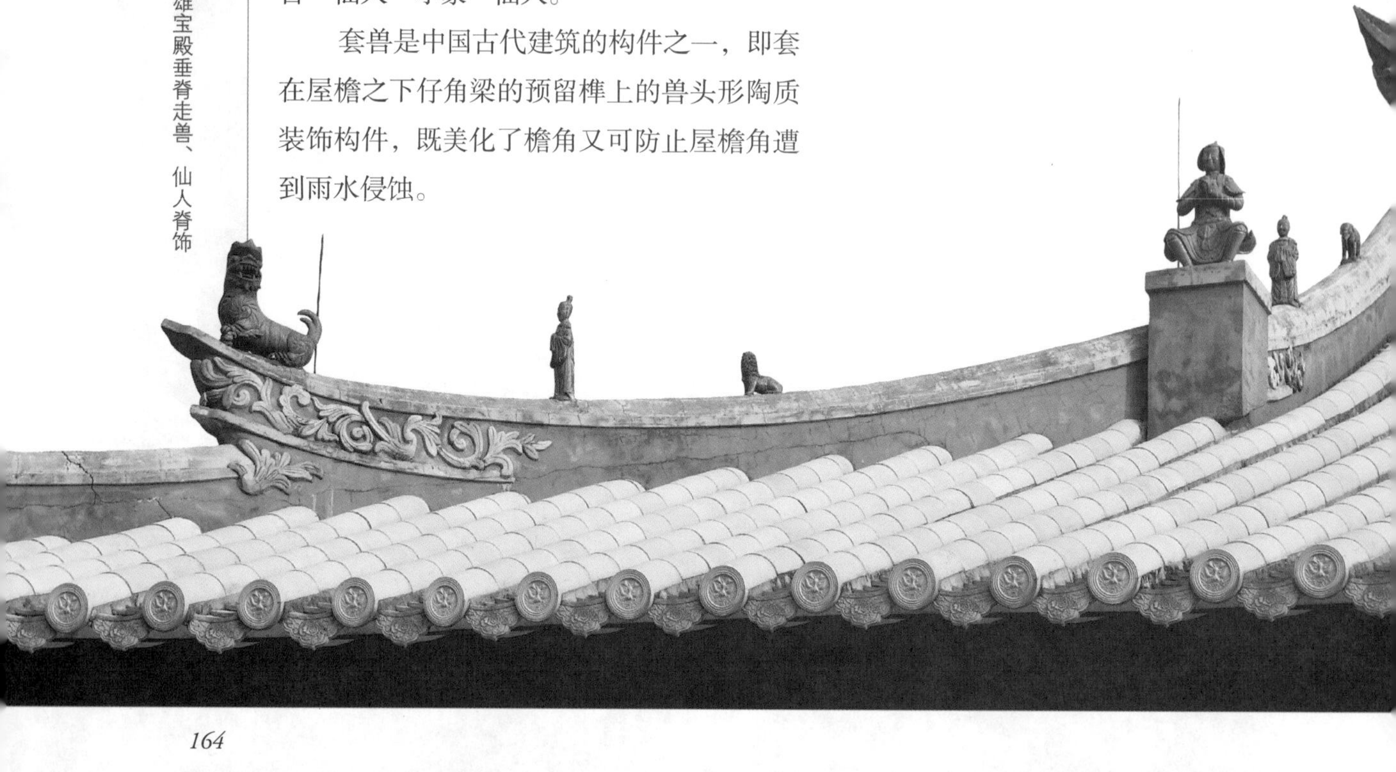

大雄宝殿垂脊走兽、仙人脊饰

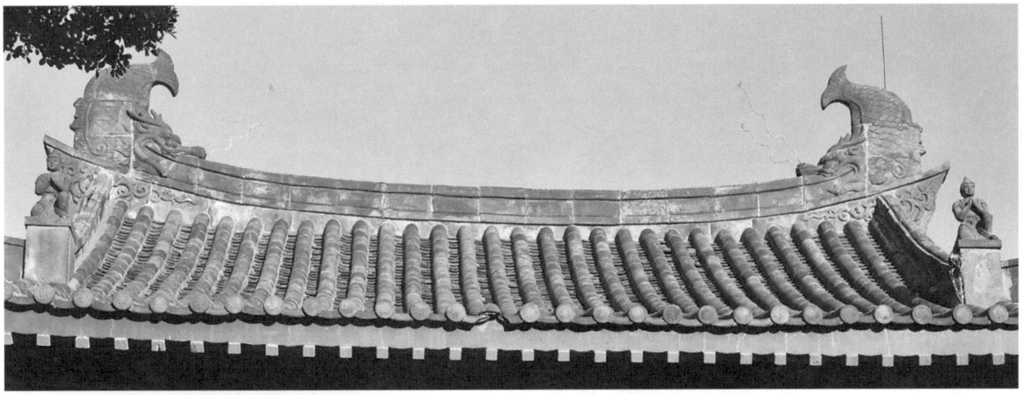

钟楼、地藏殿正脊仙人、龙吻鳌鱼身脊饰

泰佛殿灰塑脊饰

光孝寺天王殿屋顶忍冬草、宝葫芦脊饰

吉祥殿脊饰

六　元代光孝寺

元至元十三年（1276）十二月，元军元帅张弘范、吕师夔统兵进入广州城，“至寺瞻礼，遣卒守卫，僧民安堵”。其时战争未结束，元军尚未真正占领广州城，军队统帅来拜佛，并派兵守卫。元至元十六年（1279），下诏“设僧录司。僧尼皆改服色。住持服黄，讲主服红，常僧服茶褐，以青皂为禁。并免寺院税粮”。元朝统治者压制道教。至元十九年（1282），元廷下诏焚毁道经。当时广州城文武官员就聚集在光孝寺，焚毁道家著作，只有老子《道德经》幸免。《光孝寺志》载：“合郡文武于本寺结坛，焚毁道家论说，惟留老子《道德经》。”[①]

● 二十世纪五六十年代广州光孝寺六祖殿卷龙（图片来源：程建军《古建遗韵　岭南古建筑老照片选集》）

① 清·顾光、何淙修撰：《光孝寺志》卷二《建置志》，中山大学中国古文献研究所整理组点校，北京：中华书局，2000年，第20—21页。

入元以后，官府对寺庙多加修缮，新建、重建不少的佛教建筑。元世祖至元三十年（1293），修葺光孝寺。“元帅吕师夔修饰寺宇。”僧空山募元帅吕师夔，在吕师夔支持下，光孝寺进行了大规模重修，佛像殿堂装饰一新，建兜率阁，以后又陆续新建了一些殿堂；大德五年（1301），住持山翁募都元帅悉哩哈喇[①]以及郡宰官员同建悉达太子殿，并塑有太子像、两幅彩画以及释迦牟尼降诞、成道、转轮、入涅槃等像。大德六年（1302），檀越堂立于戒坛侧；寺中大殿建于东晋隆安五年（401）。两宋时三次重修。大德八年（1304），住持无禅重修方丈，复修大雄宝殿；泰定元年（1324）住持僧慈信重修东、西铁塔，又重修唐代大悲幢，“以青石为身，高三尺许。形如短柱，下石趺坐高二尺许，上宝盖高一尺许。幢身八面，镌《大悲咒》，字多漫漶残缺。”[②]立于寺西南角；至正六年（1346），住持僧继隆与智昌建宝宫后殿、翠微亭，宝宫后殿一座，五间。此外，至元九年（1272），住持志立复建毗卢殿；僧德瓘建观音殿一间，募修风幡堂；延祐年间（1314—1320）还铸造斋僧大铁镬，至清乾隆年间还保存在伽蓝殿内。[③]

观音殿匾额

元至正二十四年（1364），有善信购买田地捐献给光孝寺。“广州城南信女郑氏念八娘，同夫居士林伯彰，用铜钱千缗，置龙冈坊蔡天兴土名石砚田、涌底田共八十七亩，又蔡芳田四号，舍入风幡大道场，岁收租利，供佛及僧。”[④]

元代时的光孝寺为官府所重视，香火鼎盛。元代广东地区佛经的编纂刻印，以《坛经》为主。德异和光孝寺住持宗宝均搜集整理过《坛经》。据载，德异因“《坛经》为后人节略太多，不见六祖大全之旨”，于是花了三十多年的时间搜集《坛经》，最终找到全文，并于“吴中休休禅庵”刊印。[⑤]现存诸本《坛经》为敦煌本、存中本、惠昕本、契嵩本、过渡本、德异本、宗宝本、语

---

① 当即《至大金陵新志》卷六下《官守志》所载至元十六年上任的行台监察御史悉哩哈喇。

② 清·顾光、何淙修撰：《光孝寺志》卷三《古迹志》，中山大学中国古文献研究所整理组点校，北京：中华书局，2000年，第24页。

③ 参阅清·顾光、何淙修撰：《光孝寺志》卷八《檀越志》、卷一《艺文志》、卷二《建置志》、卷一《法界志》及卷二《建置志》，乾隆三十四年抄本。

④ 清·顾光、何淙修撰：《光孝寺志》卷十《艺文志·释悟传撰〈檀樾郑氏舍田记〉》，中山大学中国古文献研究所整理组点校，北京：中华书局，2000年，第120页。

⑤ 清·马元、释真朴重修，张日麟等重刊：《曹溪通志》卷一《香火供奉》、卷三《王臣外护第七之中》、卷五《塔记类》、卷一《建制规模第二》，1932年刊本。

录本和德清勘校本，并有一个清晰的演变轨迹，数种本子之间还存在某种密切关系。[①] 图示如下：

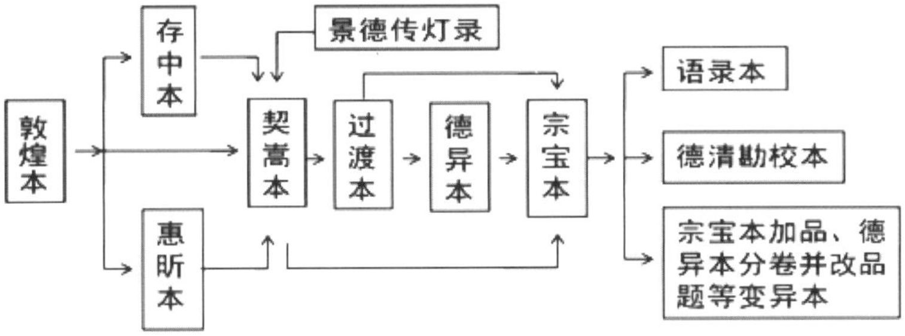

观音殿内供奉的明代白玉观音菩萨，高1.38米，宽0.88米，质地白玉石

观音殿

观音殿，根据清《光孝寺志》记载，观音殿为一开间。元大德五年（1301），僧德瓘建。明成化十九年（1483），僧洪戒募缘建于大殿后。大殿于明崇祯年间已毁。目前观音殿只是以搭棚的形式来保护观音像，旁边有善信们的捐款筹建观音殿的签名瓦当点。

同治《番禺县志》卷五十三《杂记一》转引黄佐《广东通志》载："光孝寺库中，旧藏观音像一，以银为体，手捧佛脑，舍利聚其旁。又有尊者，鬓长可三尺，色黄而柔。西天衣，内相一，大如两指，所织之文颜色不变，老僧云：此屈眴国布也。"[②]

① 侯冲：《契嵩本〈坛经〉新发现》，《世界宗教研究》2018年第4期。

② 清·李福泰修，史澄等纂：《番禺县志》，清同治十年（1871）广州光霁堂刻本。

2022年重修后的观音殿

七　明代光孝寺

元代及至明代，光孝寺已发展为庞大的寺院群落。明崇祯十三年（1640）张悰首次修编《光孝寺志》时，寺院的范围已缩小了很多，但仍有“方圆几及三里”的说法。

明《光孝寺志》的《光孝界址全图》中，（光孝寺）南至光孝街，北至左所城脚，东至官塘巷，西至左所城脚，坐落广州老城内西北隅，方圆几及三里，界亦宽广矣。[①]

明代将宋代广州三城合一之后，光孝寺处广州城的西北角，西北两面由“左所”，即广州左卫所的守卫城墙围绕，是广州的重要军事防御要塞所在。寺院拥有五千零八亩田产的庞大寺院群落，僧人众多，管理复杂。明弘治十四年（1501），光孝寺僧戒钦请求政府批准，将本寺田地均分为十份，同时将光孝寺分为十

清末光孝寺大雄宝殿。明信片上时间为1911年4月14日，大雄宝殿门前的石质法幢，各高4.95米，八角、七层，每层都刻有佛龛，造型古朴

① 清·顾光、何淙修撰：《光孝寺志》卷一《法系志》，中山大学中国古文献研究所整理组点校，北京：中华书局，2000年，第11页。

大殿前两法幢

房，由十房各自经营田地并管理粮差。这样光孝寺便成为相互联系又各自独立的寺院群落。明嘉靖年间（1522—1566）小北门西竺寺［宋乾德元年（963）始建］寺基改为贡院，移其僧于光孝寺，并建房自住，此后廨院寺等四所寺庙也先后移入光孝寺，成为光孝寺的下院，当时的光孝寺成为十房与法华、延寿、西竺、廨院等四座下院的庞大群体。光孝一寺，自分为十房之后，形成了所谓十房四院（早期四院为法性寺、法华堂、西竺寺、廨院寺；晚期为法性寺、法华堂、延寿庵、悟性寺）的格局，无法形成统一管理，导致资产流失，房舍殿宇被占作他用，曾经“方圆几及三里”的羊城首刹，在蚕食流失中范围日益缩小。

明崇祯年间（1628—1644）张悰纂修《光孝寺志》时，光孝寺中的殿、堂、阁、院、寺、庵、轩、坛、亭、台、楼、桥、井、池、门、塔、廊、室、幢等建筑物有五十六项，除菩提树、洗钵泉、西来井、大悲幢、法幢、东铁塔、西铁塔、诃井、大铁镬、石签筒等十项可列入古迹外，尚余殿宇寮舍、亭台楼阁四十余座，而至清初，明代殿宇仅剩十五间，殿宇房舍已去其大半。到明后期，许多房产被外人占据，寺院的僧舍殿宇竟成了书舍或民居。崇祯年间及其之前，许多殿阁等建筑要么废弃，要么消失，在清《光孝寺志》中特别提到很多建筑于崇祯年间修志时已废，如：笔授轩、潇洒轩、弥勒阁、轮藏阁、内鉴阁、兜率阁、宝宫后殿、观音殿、翠微亭、罗汉阁、延寿堂、延寿库、悉达太子殿、孔雀殿、义僧牌坊、浴院、来仰轩、毗卢殿等，都已废坏无存，数量达18座。废弃的原因极有可能是由于当时朝廷对佛教的限制政策，导致光孝寺经济拮据。如明洪武六年（1373），朝廷曾下诏明令限制各州县的寺观数量，并且禁止男40岁以下、女50岁以下的民众出家。

洪武十五年（1382），设僧纲司，敕僧正源为光孝寺都纲，颁印，置正副僧官二员，凡有庆贺，先期有司于光孝寺习仪。

明万历三十一年（1603），（通）炯、（超）逸募资鸠材，居士王安舜等，相率而谋，赎坛基一隅，不期年而落成。[①]

明泰昌元年（1620），根据广州府申详，寺僧行珮（佩）请求，本省司院革除寺僧供应花草之役，并给示给帖，永为定例。[②]

从官府“凡有庆贺，先期有司于光孝寺习仪”可知，寺院被视为练习庆贺典礼等礼仪活动的场所。由于文献缺载，虽然不知道这种使命始于何时，但直到泰昌元年（1620）才被废除。

除了殿宇寮舍沦废之外，更为严重的是，原本为广州最大十方丛林的禅宗道场，已沦落为一个十房寺僧各自为阵，以经忏佛事为生计的香火小庙。自明万历二十四年（1596），憨山德清大师因“私建寺院”之罪流放岭南，由沙门通岸等于万历二十六年（1598）迎请驻锡光孝寺，讲经说法外，寺院再无经论讲坛，连禅堂亦已沦废。不讲经，不修禅，仅以经忏佛事维持生计，这就是天然和尚主法光孝寺之前的基本情况。

明时期，岭表一带的佛教保持原发展水平，没有什么大的突破性进展。这时期，广州佛教寺庵的数量尚有增加，但明洪武年间则因受到朝廷诏令的限制而趋于减少。

山门

寺院大门乃入寺之首座建筑，称为山门，又因寓智慧、慈悲、中道之意或空门、无相、无作三解脱门，亦称为三门。光孝寺原山门，三开间，为拜亭，一座三门，“旧大门已毁为街道，改旗舍矣”[③]。光孝寺山门建于何时已难考证，据清《光孝寺志》记载，始建于宋，由当时的住持子超筹建。“乾隆三十四年（1769），住持僧圆德重建并修仪门，计费白金一千二十两有奇。募捐得赀五百八十六两，圆德自

① 曹越主编，孔宏点校：《明清四大高僧文集·憨山老人梦游集》《广东光孝寺重兴六祖戒坛碑铭并序》，北京：北京图书馆出版社，2004年，第481页。

② 清·顾光、何淙修撰：《光孝寺志》卷十《艺文志》，中山大学中国古文献研究所整理组点校，北京：中华书局，2000年，第125—126页。

③ 清·顾光、何淙修撰：《光孝寺志》卷二《建置志》，中山大学中国古文献研究所整理组点校，北京：中华书局，2000年，第33页。

广州光孝寺旧山门及楹联

捐赀四百三十四两”[①]。乾隆三十五年（1770），广州知府顾光题写《光孝寺重修山门碑记》：

> ……乾隆之己丑年二月，越半载而竣，旧迹一新，悉复其始。[②]
>
> 外洋公行一百元，颜时瑛六十元，潘振承五十元……住持成鉴圆德续捐衣钵资花银陆百零伍大洋。[③]

山门从乾隆三十四年（1769）二月开始筹建，“越半载而竣”，也就是八月份竣工。离顾光写山门碑记已逾25年之久。

山门于明清两代多次修复，清时大门毁为街道，改作旗社，“左邻驻防旗舍，右邻驻防防御衙署”[④]。及至近代逐渐损毁，至1913年，原为明代建筑物的寺院大门，被国立广东法科学校（即广东法官学校）拆毁，改为洋楼。[⑤]旧山门乃1986年寺院收归佛教界管理之后于1987年重建，其周围已是高楼林立，商铺成行，车水马龙，人声鼎沸，“闹市藏古

① 清·顾光、何淙修撰：《光孝寺志》卷二《建置志》，中山大学中国古文献研究所整理组点校，北京：中华书局，2000年，第33页。

② 清·顾光、何淙修撰：《光孝寺志》卷十《艺文志》，中山大学中国古文献研究所整理组点校，北京：中华书局，2000年，第133页。

③ 《光孝寺重修大门碑记》，载谭棣华、曹腾騑、冼剑民编：《广东碑刻集》，广州：广东高等教育出版社，2001年，第51—52页。

④ 清·顾光、何淙修撰：《光孝寺志》卷一《法界志》，中山大学中国古文献研究所整理组点校，北京：中华书局，2000年，第16页。

⑤ 《觉澄法师搜集整理资料，1950年9月26日》，载《广州宗教志资料汇编》，第98—99页。

旧山门

光孝寺旧山门前别具特色的“哈”天王

刹”成了当时光孝寺的真实写照。山门重建工程至1993年上半年完成，建筑面积144平方米。山门为三开间歇山顶，兼具岭南风格的通透、轻巧的特点。由于历史的原因，山门被无数的商铺、民宅包围，只有一条狭窄的小巷通往光孝路，与其羊城首刹的地位极不相配。2001年，新成方丈决定利用市政府“三年一中变”的时机，由光孝寺斥资6000万元，拆迁寺院山门前面的三座楼房，将山门前的民房、商铺赎回，建成一个2000多平方米的寺前绿化广场，使寺院面貌大为改观。

2016年落成的新山门由缅甸柚木构建，屋脊采用砖砌灰脊，正脊端部用灰塑鳌鱼造型，脊正中立一黄色琉璃葫

光孝寺山门左边的小窗口是售票处。此山门是光孝寺新山门，2016年2月6日启用

芦，垂脊采用瓦当将军造型收口，戗脊则是用鱼尾造型。所有脊面均饰灰塑卷草，黑地白章，造型流畅生动，八字昂和插昂的六铺作檐下斗拱，与寺内其他殿堂形制相同，门两侧回廊与天王殿两侧回廊衔接，岭南地方建筑特色显著。再者，从山门屋顶形制可以看出寺院规模，与光孝寺作为岭南较大规模寺院的地位匹配。

两只石狮雄踞山门前，殿内两边供奉金刚力士像。山门殿立金刚力士，中国民间将其演变为哼哈二将。传说是佛教的"卫队长"，守护佛法。山门上悬挂着中国佛教协会前会长赵朴初居士手书的"光孝寺"牌匾，字体遒劲浑厚，乃典型的赵体。"五羊论古寺，初地访诃林"，寺门前的这副对联由91岁老人胡根元题写。这副对联讲

开山门（摄影：刘城城）

2015年，山门升梁大典

的正是光孝寺的沿革。诗中“初地”就是指达摩东渡到广州登岸的地方，被称为“西来初地”，虞翻在此地种下的诃子树，所以光孝寺又叫作“诃林”。山门后悬挂另一“诃林”牌匾，乃明万历四十年（1612）翰林区大相[①]手书，迄今已有四百余年。

新建山门的意义在于以下两点：首先，新山门殿表现出对于大雄宝殿和伽蓝殿的岭南宋代风格的追求，都采用了最具识别特征的带八字昂和插昂的六

山门殿斗拱

铺做檐下斗拱层，保持了南宋的建筑风格，在形制上达到国家文物局的基本要求。其次，新山门扩建后，缓冲了山门与天王殿之间容量略小而产生的拥挤，舒缓了内庭的人流及消防压力。特别在节假日，山门能调节信徒和游客人流。

① 区大相（？—1614），字用孺，号海目，佛山高明阮埇树人。与弟区大伦为万历十七年（1589）同榜进士，其父区益、其兄区大枢亦中举，故称“两朝四进士，一榜四文魁”。工诗，其诗持律颇严，尤长于五律，王士祯称“粤东诗派皆宗区海目”，“明三百年，岭南诗之美者，海目为最”（屈大均：《广东新语》卷十二《区海目诗》）。擅长书法，光孝寺诃林匾即其于万历四十年（1612）正月手书。著有《区太史诗集》。

山门内侧

伽蓝殿（新建）

大殿的两侧原本应是钟楼、鼓楼，如今一楼两用，为两层三开间歇山顶建筑。一座是钟楼在上，下为地藏殿；另一座是鼓楼在上，下为新建的伽蓝殿；也就是一层做伽蓝殿（地藏殿），二层鼓楼（钟楼），钟楼、鼓楼遥遥相望。

二十世纪五六十年代广州光孝寺伽蓝殿侧面（图片来源：程建军《古建遗韵　岭南古建筑老照片选集》）

伽蓝殿匾额

1928年，日本人常盘大定一行所拍光孝寺伽蓝殿

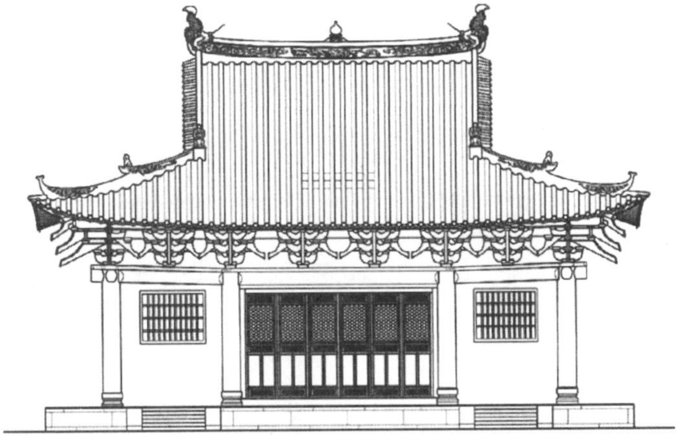

伽蓝殿正立面图（图片来源：程建军《梓人绳墨：岭南历史建筑测绘图选集》）

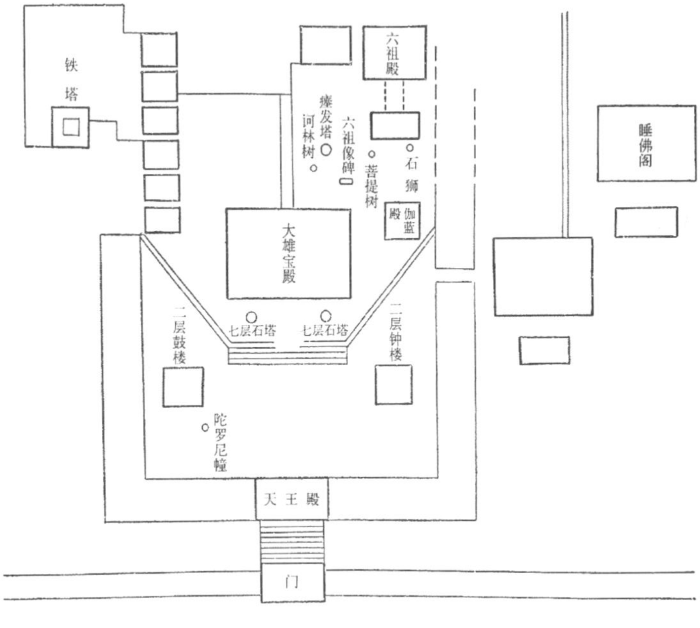

光孝寺伽蓝殿位置图

地藏殿脊饰上的仙人

位于大殿东侧前方的钟楼，内安放着一口大钟，楼下供奉的是地藏王菩萨

新建伽蓝殿里供奉的是伽蓝菩萨，即关公。相传，隋朝有智者大师入定，闻得空中传来关羽的愤恨叫声："还我头来！"大师反问："你过五关斩六将，杀人无数，他们的头又有谁还？"并对其宣讲佛法，关羽心生惭愧，恳求受戒皈依佛门，遂成了保护寺

1928年，日本人常盘大定一行所拍光孝寺鼓楼

位于大殿西侧前方的鼓楼与钟楼相望。鼓楼的底层是伽蓝殿，供奉的是佛教的护法伽蓝菩萨，也就是道教所供之『关公』

伽蓝殿内供奉的宋代伽蓝菩萨

庙的伽蓝菩萨。由此可见，民众爱戴的关公入得佛门，是佛教与本土信仰的融合。目前殿内供奉的是宋代伽蓝菩萨。地藏殿里供奉的地藏王菩萨，以“大孝”与“大愿”著称，更与国人的理念相通。

伽蓝殿门窗、匾额

地藏殿、钟楼

卧佛殿

惠能以《涅槃经》而顿悟，代表沉寂的卧佛（又称睡佛）成为超越轮回涅槃的象征。禅宗祖庭光孝寺自唐建睡佛阁，其后不断修缮与重修，民国时期进行了改造。20世纪80年代后作为方丈室。而于大雄宝殿右边西侧，原为五祖殿，后建为卧佛殿（吉祥殿），供奉一尊缅玉涅槃卧佛。五祖殿在民国前为一座三开间建筑，创建时间不详。明天顺五年

1928年，日本人常盘大定一行所拍光孝寺五祖殿，即今卧佛殿

光孝寺的睡佛（图片来源：［日］森清太郎《岭南纪胜》）

伽蓝殿后，与大雄宝殿西侧相邻的是吉祥殿，也称睡佛殿，供奉着用缅甸玉雕成的释迦牟尼佛涅槃像。吉祥殿也建在高石基上

（1461）住持僧道遂重修，弘治七年（1494）住持僧定俊同宰官陶鲁再修。万历三十九年（1611），寺僧捐资公修。明光孝旧志曾提及“重修列祖堂”，查寺内并无此堂，其实明志中之“列祖堂”即为五祖殿，殿内供奉禅宗自初祖达摩至五祖弘忍共五像，故称列祖堂。天启七年（1627）僧超逸、通炯赎回，后又被毁。崇祯二年（1629）先是废为书舍。后，郡人叶之彩、叶之彤重修，为接待十方用。崇祯九年（1636），善士曾继茂捐赀重装五祖像，并造大铁供器。直至1913年，广东法官学校占用拆卸前，均名五祖殿。

吉祥殿内卧佛

卧佛殿在1988年开始进行重建第一期工程，重建后名为千菩萨殿或菩萨殿。卧佛殿按现有的伽蓝殿式样在大雄宝殿西侧位置重建，高度、形制和结构均与伽蓝殿相同，使用木料。此殿现为面阔三开间，进深三开间，抬梁式木结构，歇山顶屋面的殿堂。今殿为1993年重建，殿内供奉吉祥卧式汉白玉佛像，由缅甸汉白玉雕成，长4米，重6吨有余，刻的是释迦牟尼佛的涅槃像。整座睡佛神态安详，体态自然。

卧佛殿八字昂和插昂的六辅作檐下斗拱

卧佛殿山尖通风

1928年，日本人常盘大定一行所拍光孝寺大殿前双石法幢

法幢

大雄宝殿前空地有一块宽敞的月台，在殿前1.4米高的台基上，一对材质为青色花岗石的现代塔式法幢分立左右，八角七级塔式，每层凿有佛龛。法幢高约4.95米，大十围。明嘉靖二十四年（1545）寺僧修一座，清道光二十九年（1849）春寺僧换新二座[①]。1971年，殿前右边的法幢葫芦顶盖被打掉，已修复。大殿西边的石法幢缺石宝盖顶，照原样补回。

① 清·顾光、何淙修撰：《光孝寺志》卷一《法界志》，中山大学中国古文献研究所整理组点校，北京：中华书局，2000年，第14页。

大殿前两法幢

大殿前两法幢

西区回廊

回廊

回廊原为明代住持僧定俊于弘治七年（1494）募捐鼎建，四面衔接环绕。清顺治初年，清兵进入广州城，截光孝寺北廊为旗舍，民国时仍存东、南、西三面回廊。1913年，东廊、西廊、客堂等被广东警官学校拆除；1945年，抗战胜利后，“殿左右旧为南廊，廊前广场，左右古榕四株，枝干横空，浓荫蔽日。……大殿西北、旧有西廊，廊有南汉西铁塔。睡佛阁东、旧有东廊，廊有南汉东铁塔，形制较西塔尤伟。”[①] 现存三面回廊为1992年根据南廊的式样，结合考古勘探，在东西回廊原基址上进行重建的。回廊以石头、缅甸木、苏州青瓦为材料重建，体现了唐代建筑风格。东西廊按中轴对称布置，从天王殿后展开，将钟楼、鼓楼、大雄宝殿、卧佛殿及泰佛殿等围合成院落，建筑面积达770平方米。

回廊是联系不同建筑之间的纽带，其形式与寺内建筑相互协调。光孝寺是规模较大的寺院，因此采用的是廊院形式，回廊将大雄宝殿前的广场围合起来，起到了分隔和陪衬主体建筑的作用，也作为防雨的交通纽带。

① *罗香林著：《唐代广州光孝寺与中印交通之关系》，《广州光孝寺之沿革》，香港：中国学社，1960年，第28—29页。*

西回廊与盛开的宫粉羊蹄甲

回廊

八　清代光孝寺

1650年清军南下，炮轰广州城，光孝寺遭到严重破坏。顺治、康熙年间，殿堂有所修复。

光孝寺一直是广州规模最大的寺庙。清初，光孝寺的部分房舍土地被毁被占，寺院范围进一步缩小。清朝前期，寺庙受朝廷扶持；清朝后期，大半寺庙年久失修，其中不少寺庙开始走向没落，数量大为减少；清代末年，朝廷施行“庙产兴学”政策。

光孝寺在清乾隆二年至五年（1737—1740）期间，常住复设浴室①，后改浴所，在香积厨后。乾隆二年（1737），僧密深捐资重修东塔殿，并于铁塔上加贴金箔。乾隆五年（1740），本寺常住新建库院（后改库房）；本寺僧成具、照恩、祖桂、愿广、如至共同捐资修月台甬道两廊地基。乾隆十三年（1748），为东铁塔加贴金箔。乾隆十四年（1749）正蓝旗参领王讳巨同僧觉机募修戒坛。乾隆三十四年（1769）重修《光孝寺志》时，寺院内

广州光孝寺祝圣殿，摄于1860年4月

① 古代寺院往往是客商、旅人、士子甚至官员可靠的寄宿之所。宋代佛教寺院是允许行人投宿的，“行人得以栖焉”。该浴室为宋淳熙九年（1182）住持僧子超兴建，明崇祯毁，清又复设。

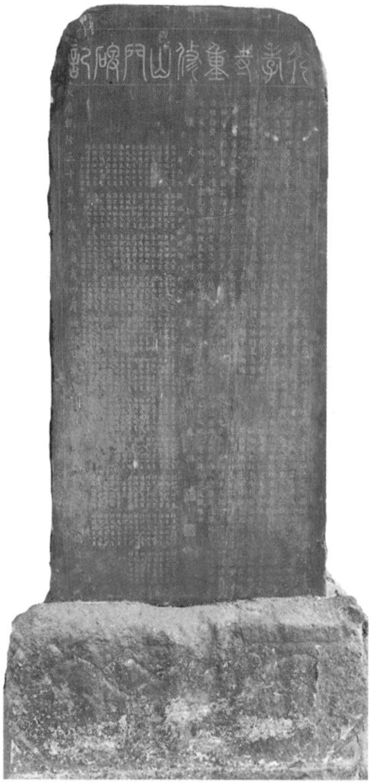

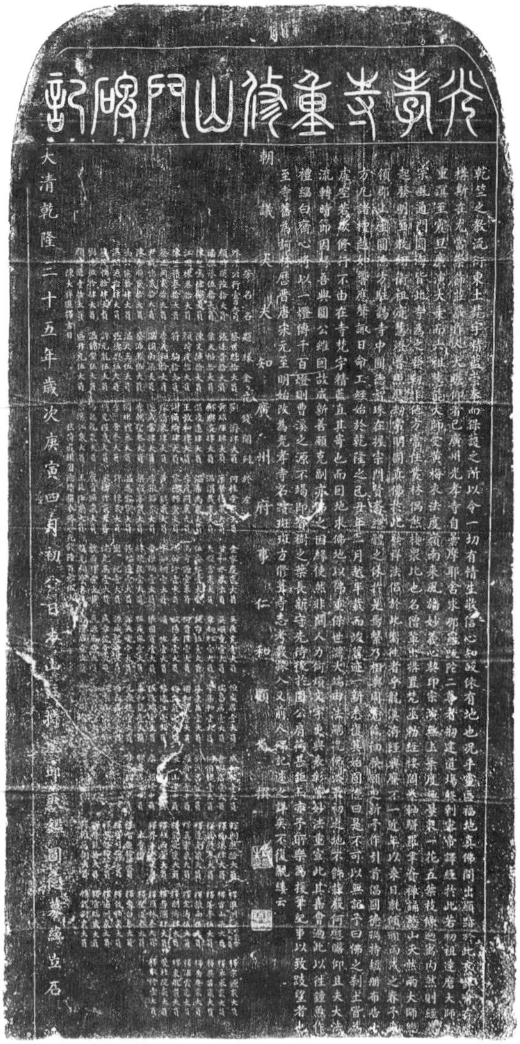

● 清乾隆三十五年（1770），光孝寺重修山门碑记，现嵌于天王殿东侧墙壁

的殿宇楼阁等建筑已减少到29处，包括：大门、仪门、钟楼、鼓楼、南廊、东廊、西廊、大殿、伽蓝殿、五祖殿、六祖殿、檀越堂、毗卢殿、禅堂、风幡堂、睡佛阁、戒坛、韦驮殿、客堂、斋堂、水亭、厨房、库房、方丈院、浴所、法华堂、双桂洞、慈度堂、法性寺。

清代以来，寺院规模逐渐缩小，与明代相比，殿宇楼阁几乎减少了一半。今日光孝寺，面积仅3.8万多平方米，建筑面积1.6万平方米。

清末民国期间，光孝寺长期被文化部门和军政等机关占用，殿堂建筑遭到破坏。1903年，光孝寺部分房舍殿堂先后被广南中学、八旗小学以借用为名占用。1921年，广东警官学校租用寺内的六祖殿为课室。

大雄宝殿鱼鳞蚝窗

《广东通志·舆地略十六》：“海镜……又名蚝光。其肉为蛎黄，或为酱；其壳为明瓦，圆如镜。崖州产者佳。”“蚝”即牡蛎，它的壳经加工磨制可得半透明薄片，嵌于窗间或顶篷上以取光，称为明瓦。镶嵌这种蛎壳片的窗户，吴方言称“蠡壳窗”，清黄景仁《夜起》诗有：“鱼鳞云断天凝黛，蠡壳窗稀月逗梭。”如今，保留着蠡壳窗的古建筑已极难见到。

大雄宝殿上檐槛窗及下檐门扇疑为清代遗制，其余窗子则不存原样。大殿的上盖是两重檐，两檐之间

大殿隔扇门与鱼鳞式蚝壳窗

大雄宝殿门窗上为部分鱼鳞格孔蚝壳窗与横披

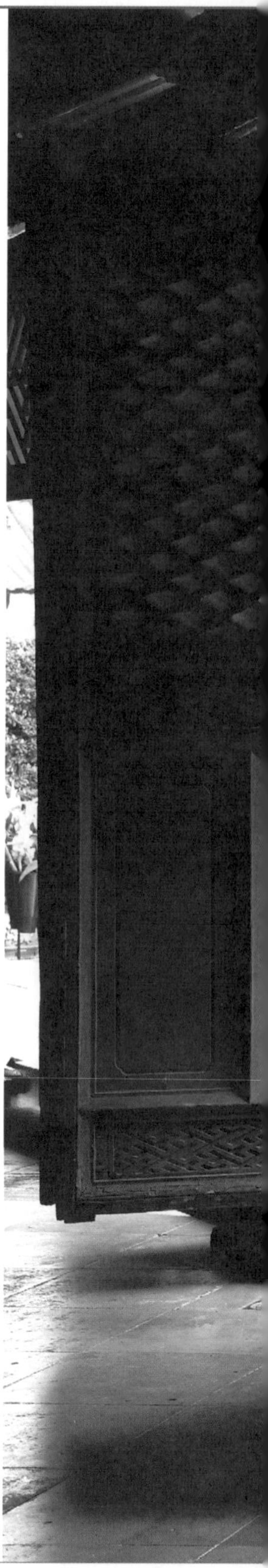

有一列鱼鳞波纹式明瓦蚝壳窗。殿顶正脊两端向上飞翔，檐角向外远伸，作翼角翘起，脊线刚柔并济，脊上的瓦饰装置，都非常美观。从整个形制来看，它的结构谨严，均衡对称，既合乎力学上的要求，又形成了一种极其富丽堂皇的装饰艺术。殿堂中的柱、门、窗、梁、枋、斗拱都漆朱红色，与白色墙面相间。门窗用斗心（棂花）拼花而成，多透空。门扇上中下为万字腰花板，上下尺度均分，下为左右两分裙版，形式古典精致；上有部分鱼鳞格孔镶嵌半透明磨平的蚝壳，既可采光又可防水防潮，是岭南特有的门窗构造做法。光孝寺的蚝壳片较厚，可能是早期形式，也可能与产地有关。门外设门亮子和竖棂角门，也体现了地方建筑特色。

● 大殿隔扇门与鱼鳞式蚝壳窗

大殿山尖通风及重檐间鱼鳞波纹蚝壳窗

蚝壳被岭南工匠用于窗饰、砌墙和细部装饰等，具有很强的地方特色。工匠们把蚝壳磨成薄片，然后用于窗饰。因其价格低廉并具有很好的采光性和私密性，被广泛运用到岭南民居建筑中。玻璃是清代从外国传进岭南的透光材料。但玻璃的价格颇高，只有在巨贾的园林建筑中才能见得到。

光孝寺大雄宝殿屋檐之间的格子窗，既阻挡了阳光直射，又有采光的作用，格调高雅，装饰别致，别有一番风韵。正如唐代诗人刘禹锡《广州竹枝词二首》中写道："牡蛎墙头常溜雨，鱼鳞窗子最禁风。"

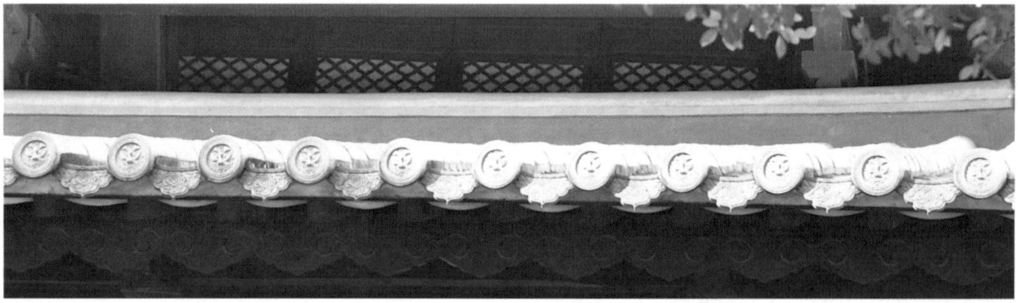

大殿重檐间鱼鳞波纹蚝壳窗

九　民国时期的光孝寺

晚清至民国时期，光孝寺逐渐走向衰落。道光年间，光孝寺日渐式微。光绪年间，寺被“通志局”[①]占用。清末，两广总督岑春煊（1903年4月至1906年9月任两广总督）大行“庙产兴学”之策，光孝寺也在之列。到了清末民初，广州“五大丛林半劫灰”（《羊城竹枝词》1920年版），已无一保存完整。

中华民国成立后，政府仍然沿用“庙产兴学”的政策，光孝寺除被中小学占用外，又陆续被广东法官学校、广东警官学校等机关占用。

1949年前的光孝寺殿前石塔

① 通志局，其职能是编修史志。

民国元年（1912），光孝寺东部的虞翻祠被要求从寺内划出建广州市第二十七小学。① 民国二年（1913）“广东法官学校”（1929年易名“国立广东法科学院”，后改为中山大学法学院）建立，借用寺内西铁塔一带房屋作为校舍；同年，“警监学校”（后改为“警官学校”）又占用寺内房屋作为校舍。大殿虽曾被用作校舍、会议厅、练功房等，但仍保持基本建筑格局。②

到了民国十年（1921），寺院被国民党政府占用，先后被广东法官学校、广东警官学校、广东省立艺术专科学校和广东课吏馆等学校使用。

民国北伐期间，广州市政厅当局为筹集北伐军饷和市政建设经费，将广州市内的全部寺庵房产土地充公拍卖，光孝寺也不例外。一些无力赎回寺产的寺庙只好被改建、占用，而后渐渐残破湮灭。到二十世纪二三十年代，光孝寺中许多建筑遭到毁坏，僧人只保有睡佛阁、斋堂等少数地方。民国十二年（1923）前后，光孝寺曾是聚赌处，有赌徒设大小杂财二三十台，每日下午2时至晚上12点，男女赌徒如蚁附膻。

1928年12月22日，日本著名佛教学者常盘大定到光孝寺考察，常盘一行在寺僧的许可下拍摄了唐代睡佛、南汉西铁塔的照片。因六祖殿当时为广东法官学校教室，南汉所铸的西铁塔也被学校锁在建筑内，不许入内参观，所以，常盘一行在结束韶关考察之后，于12月29日又折回光孝寺，进行第二次考察。这次，在广东法官学校校长汪祖泽③ 的陪同下，常盘大定一行得以在光孝寺内一一细看，并被给予了拓制碑刻、照相的种种方便。书中这25幅照片以及光孝寺平面测绘图均为当时留下，可称得上为民国时期最详尽的光孝寺资料。

● 1928年，日本人常盘大定一行所拍光孝寺内广东法官学校校门特写

① 《广州宗教志》编纂委员会编：《广州宗教志》，广州：广东人民出版社，1996年，第11页。

② 《觉澄法师搜集整理资料，1950年9月26日》，载《广州宗教志资料汇编》，第98—99页。

③ 汪祖泽，汪精卫的长侄，毕业于日本明治大学法科，曾任广东高等法院院长。

● 1928年，日本人常盘大定一行所拍光孝寺大殿前石栏、石狮及西侧法幢

1928年，日本人常盘大定一行所拍光孝寺菩提树及瘗发塔

据广东省民政厅1929年11月5日刊行的《广东全省宗教概况统计表》：时光孝寺住持为铭参，有僧众14人。[①] 民国广州寺庙变迁时期（1918—1937），七高校、五国民学校占用光孝寺；一女高学校、二十七国民学校，占光孝寺一部分。[②]

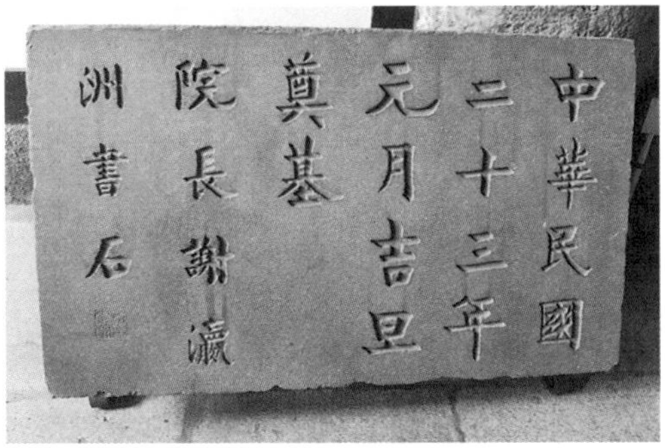

民国二十三年（1934），广东法官学校奠础碑

民国二十六年（1937）九月二十二日，光孝寺曾遭日机轰炸。民国二十七年（1938），广州被日军占领，傀儡政权曾一度占据光孝寺为伪政府“和平救国军”总司令部；[③] 同年，寺院又被日伪“鸣崧纪念学校”和日伪广东大学附中占用，[④] 寺院甚至已沦为杀人场。[⑤]

据罗香林《广州光孝寺之沿革》的记载，当时寺院的四至为：

> 今（1945年）其方位在惠爱西路（今中山路）以北，盘福路以南，丰宁路以东，海珠北路以西。由惠爱西路、北入光孝路，约半里，路末，即光孝寺。[⑥]

可见，当时光孝寺虽已被占作他用，但寺院的整体范围基本清晰。

1945年抗战胜利后，国民党中央训练团曾短期占据寺内大部分地方办训练班，三青团占用小部分地方办中南中学。中央训练团办的训练班结束后，广东省立文理学院因其原址——广州石榴岗院址被日军炸毁，乃临时迁入寺内，借光孝寺为临时院舍。整个寺院又为广东省立文理学院作校舍，大殿被用作课室。相关资料记载：

> 1946年9月广州佛教界和军政名流发起重修光孝寺活动，经省府核准，文理学院迁出，佛教界开始筹建恢复工作。而当时的行政院却徇司法行政部之请，将光孝寺划为广州地方法院院址。当时，群众力争，行政院籍口佛教界没有证据加以拒绝。佛教界即刻邀出以前各校借用确据 ，据理力争，行政院理屈词穷，始批准将寺庙交还佛教界。不久，省政府又下令省立艺术

① 载《广东省民政公报》，第49期，广东省民政厅刊行，民国十八年十一月五日出版。广州市档案馆档案：案卷号16。

② 资料来源：《庙宇借为校舍用表》，《广州市市政府公报》(1923年)，第79期，第33—35页。

③ 《光孝寺重兴记》。

④ 《觉澄法师搜集整理资料，1950年9月26日》，载《广州宗教志资料汇编》，第98—99页。

⑤ 日寇占领广州，于光孝寺睡佛阁后建坚固之混凝土防空洞，据说敌人曾在此先后屠杀我同胞多人，数字难以统计。此史料系年逾八旬而已谢世之光孝寺老住户某先生所言，有待考证。

⑥ 罗香林著：《唐代广州光孝寺与中印交通之关系》，《广州光孝寺之沿革》，香港：中国学社，1960年，第27页。

专科学校迁入寺内，占据寺庙内各殿堂房屋。传闻该校负责人曾破坏寺内三尊大佛、六侍者、十八罗汉、四大天王、禅宗初祖及六祖像等六十多尊塑像，并从塑像内挖出唐肃宗（756—761）年号之“乾元通宝”古钱。[①]

1947年，一则发在《觉群周报》上的光孝寺法讯《重兴光孝寺小启》[②]，让人得知虚云、岑学吕等人与光孝寺不寻常之法缘。这则小启告诉我们：一是寺“迭为军警机关占驻，僧徒星散，殿宇芜秽”；二是寺有“当日千僧过堂”之盛；三是“年前学校迁入，更将头门改建洋式”，也就是说光孝寺在1946年有学校迁入寺内，寺大门改建成洋式建筑。四是虚云和尚与光孝寺之法缘。

① 《觉澄法师搜集整理资料，1950年9月26日》，载《广州宗教志资料汇编》，第98—99页。

② 《觉群周报》1947年第2期，载《民国佛教期刊文献集成》第102卷第292页。《重兴光孝寺小启》原文：“广州光孝寺，乃三国时虞翻故宅，晋代梵僧智药三藏手植菩提树，预记一百七十年后，有肉身菩萨于此落发，度无量众。唐仪凤间，禅宗第六代祖惠能禅师，果应谶披薙。唐相房融在寺笔授《楞严经》。寺内南汉铁塔、六祖发塔、戒坛、风幡堂、菩提树，及达摩像、碑等胜迹犹存。粤中丛林，实以光孝为最古，关系文化历史亦至重至大。顾反正以还，迭为军警机关占驻，僧徒星散，殿宇芜秽；当日千僧过堂、亿众泥首之盛，遂成陈迹。年前学校迁入，更将头门改建洋式。曩昔庄严，不可复观。外邦游客，亦为咨嗟。八部龙天，同发浩叹。兹幸红羊劫过，教运将亨，政府准予发还，学院行将迁出。同人等本维持古迹之心，发重兴光孝之愿。所望四众佛子，群策群力，共底千成，将见黄金布地，诃林弹指欣荣，花雨弥天，刹竿随心扶起，是诚三界有情，普同利赖者矣。
发起人：陈融，杜梅和，陆匡文，姚雨平，胡毅生，李扬敬，陆幼刚，李子宽，张发奎，胡文烂，冯次淇，吴质文，虚云，了生，岑学吕，梁定慧，章嘉，谢鹤年，邓龙光，华振中，梁寒操，何彤，云振中，麦朝枢，林翼中，许崇愿，孔可权，林警魂等，暨广东各寺庵僧尼及广东省佛教分会全体同人发起。”

十　新中国成立以来的光孝寺

1949年10月中华人民共和国成立后，政府文化部门接收广东省立艺术专科学校和广州市立艺术专科学校，并将两校合并为华南人民文学艺术学院，校址设于光孝寺内。一直以来都有仲来等几位僧人居住于寺内的睡佛阁，但寺院绝大部分土地、房屋完全被文物局等相关部门接管，光孝寺成为纯粹被保护的“文物”。

1950年春，学院为扩充学生宿舍，将大雄宝殿内拥有千年以上历史的三宝佛像拆毁；在拆毁佛像时，从大佛像身内拆出数量众多的造于唐宋时期的精美罗汉木雕像，全都被任意丢弃，只有少数后来为商承祚先生收藏。

1951年年初，光孝寺举办“第四野战军战绩展览会”，轰动全市。大殿内陈列着第四野战军各次战役的大沙盘模型，显示进攻路线和防御层次，沙盘内不时有微型的爆炸碉堡倾覆，火药气味弥漫，令人兴奋。在露天处，放置着缴获的大炮军械，甚至还有小型飞机，用帆布蒙着。军人解说员一边激昂地解说，一边演示装填炮弹过程。[③]

1951年11月，作为主管部门的广东省文教厅致函华南人民文学艺术学院，要求学院对光孝寺内文物保护的情况做一说明。他们于1951年12月11日回函说明：

> 兹将我院奉令接收两旧艺专——广东省立艺专和广州市立艺专——校址时校内文物的一些情况及现在存在的一些问题呈复如下：
>
> ……
>
> 解放后我院接收两校，将隔墙拆除，打通两校校舍，就是我们现有的校址。光孝寺经过了这些变迁，原有建筑多已

③ 冯乐仁：《我的亲历》，《羊城晚报》2009年6月21日第B03版。

● 唐代光孝寺大雄宝殿大佛像腹内所藏小型木刻罗汉像

被拆毁改建，迨我们接管时，仅存大殿一座，六祖殿一座，伽蓝殿一座，天王殿一座，东铁塔殿一座。

1952年，华南歌舞团成立，也驻在光孝寺内。在此期间，光孝寺大雄宝殿的佛像被毁坏。

1953年全国高等院校进行调整，华南人民文学艺术学院被分拆合并到其他院校，其校址由广东省文化局接收。1953年，鉴于光孝寺内殿堂房舍损毁严重，中南局、广东省和广州市相关部门联合组成了“光孝寺修建委员会”，对寺内建筑进行修复，作为主体建筑的大殿也得到全面维修。由于光孝寺的许多文物建筑年久失修，岌岌可危，20世纪50年代中期，经中央和广东省政府拨款，由广东省文化局主持对光孝寺的主要建筑进行了一次抢救性的维修。

1954年，有劳动能力的僧尼，先后组成六榕寺制伞、制锁工场，以及大佛寺纸伞工场。除此之外，六榕寺内还设有向阳纸类加工厂，无着庵的部分殿堂也租给工厂作为生产场地。

1958年成立了广州市佛教协会，正式的佛教活动得以开展。

1961年，光孝寺由广东省文化局管理。当时，寺内的机构有广东省文化局、广东舞蹈学校、广东省民族歌舞团、广州民族乐团、广东省粤剧学校、广东省戏剧学校、广东电影技术学校、广东电影机械厂、珠江电影制片厂等单位，大殿也变成了办公场所。3月，国务院确定了第一批全国重点文物保护单

● 1961年3月4日，光孝寺被确定为全国重点文物保护单位

位，光孝寺是广东省唯一入选的文物保护单位。此后，广东省文化局对占用光孝寺的单位进行了一次调整清理。

20世纪60年代后，广东省博物馆在广东省文化局的领导下负责光孝寺的管理。由于曾被众多单位占用，光孝寺的一些建筑受到损坏或被改建，寺内还建起一批和寺庙风格迥异的建筑。“文化大革命”期间，包括光孝寺在内的广州各个寺庵均被关闭、占用，宗教活动完全停止。当时光孝寺内的旗语、佛像和部分建筑等悉遭破坏，大部分佛经、经板和图书资料被烧毁，僧尼被迫离开寺庙。光孝寺的面积在“文化大革命”时缩至历史最小。但因光孝寺是全国重点文物保护单位和文化单位的驻地而幸免遭受更大的破坏。

1972年，当时住在光孝寺的最后一位僧人仲来法师去世，僧人居住的睡佛阁也被占用。1973年起，在国家文物局的关心下，广东省文化部门对光孝寺的主要建筑进行了第二次维修，1977年修葺了瘗发塔；同年政府拨款60多万元，重修大雄宝殿、六祖堂。

20世纪50年代和70年代的两次维修虽然对光孝寺主要建筑的保护起了一定作用，但由于经费、材料短缺等原因，不少建筑以钢筋混凝土代替原有的木石结构，在维修的同时也对古建筑造成了伤害。

1979—1990年，在国家的大力支持下，光孝寺开始了大规模的重修、重建工程。其中，山门、钟楼、鼓楼等殿宇先后得到了重建，大雄宝殿、天王殿、禅堂、风幡堂、瘗发塔、六祖殿等建筑也得到了重修。

1978年以后，市内佛教活动得以恢复。

1982年，光孝寺仍然被文物部门所占用，虽然里面没有出家僧人，但还是有佛像、佛塔和众多的佛教文物古迹，所以不时有信众到寺庙参观礼佛。光孝寺因六祖惠能论风幡奥义，开东山法门而名闻天下，被视为禅宗祖庭，许多海内外的信众常常慕名来此参拜六祖。

1928年，日本人常盘大定一行所拍光孝寺卧佛殿内睡佛

1983年，广州各大寺庙逐步开始进入大规模的重修、重建、新建、扩建阶段。同年，光孝寺被国务院确定为全国

大殿月台前东石鼓

（汉族地区）重点佛教寺院之一。1986年12月，光孝寺重归佛教界，出家僧众进驻其中，并作为十方丛林对公众开放，开始对残存的寺院殿堂房舍进行全方位的重建和修葺，重修了大雄宝殿、天王殿、六祖殿、禅堂、风幡堂、瘗发塔等建筑物，重建了山门、钟楼、鼓楼等殿宇。

1986年3月5日，由国务院批准，将光孝寺归还佛教团体管理。当时负责接收光孝寺的僧团计有14人（后来寺僧逐渐增加），广东省佛教协会同时由六榕寺迁入光孝寺办公，班底实力雄厚，人才配备齐全。其主要成员有：住持本焕领导全寺；监院新成总管寺务后勤；首座定然掌管佛事活动的安排；副寺释又果侧重于养花、绿化禅院；知客宏满除做好本职事务（接待宾客、送往迎来）之外，兼清理垃圾等卫生工作，净化环境。在乳源县视察的赵朴初会长得知光孝寺收归佛教界后，欣然赋诗一首，以抒感怀：

多劫氛霾一旦清，
垢衣终解宝珠呈。
祖庭幸赖回天力，
佛子如何报国恩。

卧佛殿

斋堂前的大木鱼。木鱼为佛教法器之一，刳木为鱼形，中凿空洞，扣之作声，鱼头是向外的，朝南大门方向。按佛寺里的规定，只有十方丛林才能将鱼头朝外，由此可见光孝寺地位之高。木鱼是众僧做法事诵经时撞击用的法器。又因为鱼日夜都不会合眼，所以专意用它来警醒众僧，白天黑夜都不要忘记修行，才能悟道

此诗集中表达了当时广东省佛教界感恩党中央恢复正常宗教政策的激动心情。

1986年3月27日，应中国佛教协会的邀请，以泰国僧王代表斯里拉达纳·苏迪法师为团长的泰国佛教代表团一行九人专程来中国参加佛像安放仪式。4月9日，泰国佛教代表团抵达广州。次日，与相关省市领导及广州六榕寺住持云峰大和尚所率广州僧众在光孝寺大殿如期举行泰国铜佛像的安放仪式。

1987年1月1日，光孝寺正式恢复为对外开放的佛教寺院，并确定为广东省佛教协会会址。广东省佛教协会召开会议，推举本焕长老为方丈，敬请赵朴初会长为修建委员会名誉主任。

本焕长老、首座定然、当家新成等

1991年3月11日，中国佛教协会会长赵朴初视察光孝寺时，在大殿礼佛

16名僧人作为首批僧人入住光孝寺，寺内常住共计44名。①

① 方丈本焕，首座定然、又果，监院新成，知客宏满、界端、瑞开、印利、性定、藏智、德恕、光盛、耀严、妙洋、耀远、顿彰、达辉、常光、照森、世安、演定、瑞潘、达青、会清、戒严、道泉、超惠、常德、宗承、戒成、能通、界忠、世说、法敏、荣光、戒青、界权、达威、耀潮、绍能、妙法、兴定、传明、继悟。

1991年3月11日，赵朴初会长在广东省佛教协会副会长、光孝寺方文本焕法师陪同下，在大殿前参观时听取知客明生法师介绍钟楼及鼓楼修建情况

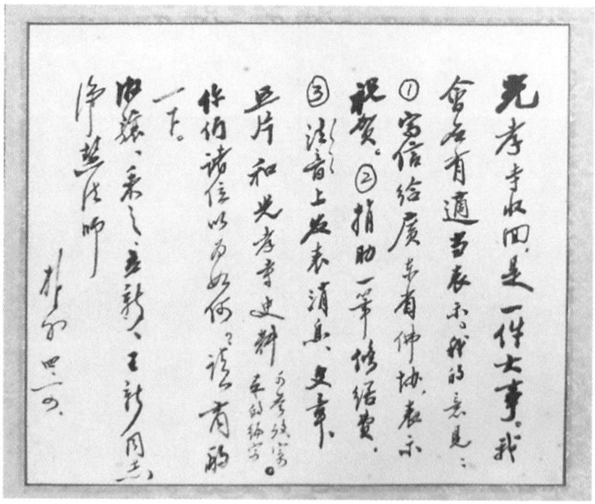

光孝寺收回，是一件大事。我会應有適當表示。我的意見：①寫信給廣東省佛協，表示祝賀。②捐助一筆修繕費。③法音上發表消息、文章、照片和光孝寺史料。你們諸位以為如何？請商酌一下。
本煥、本新、王新同志、
淨慧法師
朴初 四、一四

赵朴初会长关于收回光孝寺的工作信函

山门殿斗拱

1987年2月17日，赵朴初致函本焕住持函件中如是说："感荷党和政府旋转乾坤之力，六祖根本道场光孝寺终于获得恢复，实为今日佛教之一特大喜事，座下不辞高龄辛苦，力肩复兴重任，大愿大行，不胜欢喜赞叹。"这座千年古刹历经磨难终于回归佛教界，可谓浴火重生。

1988年，寺内常住新增又果、自度等16名，同时也有几位常住离寺他往，寺内常住总共50名。1989年，寺内常住新增11位，同时亦有一些法师离开寺院，寺内常住有56人。

1990年，在考古发现的钟楼、鼓楼遗基上重建钟楼、鼓楼。是年，光孝寺常住达到52名。

放生池

大殿前东区石狮

2012年，山门前举行广东禅宗六祖文化节

广州光孝寺全景图

生活区
菩提甘露坊
五观堂
风幡堂
东门
真谛视听图书馆
东铁塔
莲池
放生池
广东省佛教协会
功德堂
洗手间
N

广州光孝寺全景图

20世纪90年代的瘗发塔

1992年重建伽蓝殿（后来改为泰佛殿，在鼓楼下层另设伽蓝殿）及东南西三面回廊。2002年全寺常住有56名。2007年1月，本老离开仁化县丹霞山别传寺，带领十几名出家僧众和定然、新成、宏满、瑞开等法师近20名僧人入住光孝寺，开始光孝寺的接收和重建工作。2017年，寺内常住达30年之久的僧人计有11位。

2017年寺院位置和四至：寺院山门位于光孝路109号，寺院范围西以人民中路为界，东至海珠北路，北以彭家巷与广州市第一人民医院相邻，南至净慧路。经过三任住持三十多年的重建和维修，这一岭南历史悠久的名刹，逐渐恢复昔日盛况。经过三十多年的岁月，光孝寺已经成为广州市佛教信仰活动中心、广东省佛教文化传播中心、对外友好交流中心、广东禅宗文化弘扬中心，为广东乃至全国佛教弘法事业做出了重大贡献。

悬挂着『光孝寺』牌匾的建筑叫山门，透过大门见到的是第二进建筑天王殿，供奉的是笑呵呵的弥勒佛。大门两侧竖立着的两大尊金刚力士塑像，抱柱上的对联字迹已经斑驳，依然可辨为『五羊论古寺，初地访诃林』

第三章 光孝寺古木遗迹

古树禅院

植物是禅宗修行悟道的重要媒介。植物代表了自然与和谐，禅宗用此来表现禅文化中的柔善、平衡、智慧、包容等。佛寺与所处的自然环境融为一体，佛寺园林的建造，以禅宗意境为主，寓情于景的同时寓意于形，造园要素追求表达禅宗意境。

1928年，日本人常盘大定一行所拍光孝寺菩提树与瘗发塔

光孝寺早期在寺中植有大量的苹婆、诃子树，寺僧用诃子煎汤以疗疾。唐代以前只见于虞苑，以苹婆和诃子树绿化庭院。梁天监元年（502）智药三藏自西天竺持菩提树而来，后因六祖惠能在此树下受戒而出名。宋代羊城八景之一的“光孝菩提”，指的是光孝寺内菩提大树枝柯长成密林，神秘而幽深的景象；但到了明清时期，这些树木都被砍伐了。《广东新语》卷二十五载：“光孝寺，旧有五六十株……诃树不知伐自何时，今惟佛殿左有菩提一株，殿前有榕四株，门有蒲葵二株为古物……虞园虽是旧浮图，诃子成林久已无。”[①] 清王士祯

① 清·屈大均撰：《广东新语》（全二册）卷二十五《诃子》，北京：中华书局，1985年，第636页。

放生池旁古榕树龄有264年

● 殿角灰塑忍冬草脊饰细部与盛放的宫粉羊蹄甲相映成趣

从祖堂前的广场西南望，大殿、菩提树、瘗发塔、西铁塔、诃子树、风幡阁、无忧树等尽收眼底。梁天监元年（502），梵僧智药三藏泛海抵粤，并将其随船携来之菩提树植于王园寺（今光孝寺）内，相传此即中国第一棵菩提树。后人又将其分植于韶州宝林寺（广东韶关曲江南华寺），清末光孝寺内母树被飓风刮倒死去，寺僧又从南华寺分枝重植于此。此图即重植之树

在《与陈元孝屈介子诸公集光孝寺》中描写当时光孝寺："清池浮水蕹，碧藻跃文鱼。轻飕散诃林，葵树交扶疏。灼灼佛桑花，红艳惊珊瑚。"[①] 此处诃子树应为后人所补植，水蕹即为蕹菜，葵树为蒲葵，佛桑即为扶桑。

光孝寺的园林景观要素主要包括树木、放生池等。光孝寺的主要树木有几种，一种是菩提树，一种是诃子树，一种是适应广州气候的榕树，还有一种是无忧树。光孝寺因菩提树得宋代羊城八景之"光孝菩提"，又因虞翻植诃子树而成寺名"诃林"。由此可见，古木嘉树兴诃林，此言不虚。有谚语云："寺老不无树，有树更古拙。"因此，越是古老的寺院，寺内树木的树龄就越大，光孝寺亦如是。寺内三棵细叶榕树龄分别是304年、264年、118年，大叶榕两棵树龄分别是258年、129年，木棉树树龄有239年，菩提树树龄有217年（另有一说是246年），秋枫树龄有169年，诃子树树龄有152年，水翁树龄有120年。[②] 据记载：

① 清·王士祯著，惠栋、金荣注：《渔洋精华录集注（下）》，济南：齐鲁书社，1992年，第1326页。

② 树龄依据《广州光孝寺古树在册名木名录（2021年）》。

古香樟树

诃子树，隔着瘗发塔与菩提树相对，经风经雨似无声，叶黄叶绿却有情

大殿东区两棵古榕

大殿左右旧为南廊，廊前广场，大殿前左右四株榕树，枝干横空，浓荫蔽日。《光孝寺志》云："大殿前榕树旧有十五六株，在殿基前四株最古，其余皆前代及今时僧所植。"[①] 东门口古榕树龄有118年，放生池旁古榕树龄有264年，洗钵泉前古榕树龄有308年。大殿东区两棵古榕，据清末罗西耶于1858—1860年所拍摄的老照片中得知，当时东区的两棵古榕还很小，估计也就几年树龄，照片中殿台基角的那一棵榕树应是如今殿台基角的古榕，树龄有160年。

东塔殿前木棉树，至今已有239年树龄。中国有木棉的最早记载见于晋葛洪《西京杂记》，称西汉初南越王赵佗向汉帝进贡烽火树（即木棉树），"高一丈二尺，一本三柯，……至夜，光景常欲燃"[②]。

① 清·顾光、何淙修撰：《光孝寺志》卷三《古迹志》，中山大学中国古文献研究所整理组点校，北京：中华书局，2000年，第43页。

② 汉·刘歆撰，晋·葛洪集，向新阳、刘克任校注：《西京杂记校注》卷一《珊瑚高丈二》，上海：上海古籍出版社，1991年，第44—45页。

木棉花与殿角卷角大殿上檐鳌鱼、风铃、脊兽

寺东门口旁古榕树龄有118年

● 放生池西侧、广东省佛教协会办公楼旁古榕树龄有264年

榕树及木棉景观在古代岭南园林中的地位非常突出，这种乡土植物景观面貌反映了岭南园林植物景观的特色，至今仍占有重要地位。榕科植物已成为岭南园林的基调树种，木棉作为广州市的市花，其景观作用更是得到了人们的认可及赞扬。

菩提树

“菩提岂无树？天竺有灵僧。”[①]光孝寺的菩提树名闻遐迩。

六朝时梁天监元年（502），印度高僧智药三藏自本国携带来两棵菩提树，一棵种在光孝寺内的戒坛前，另一棵种于广东江门台山灵湖寺，后又从光孝寺分一株种于韶关南华寺。

在南汉刘𬬮时期（959—970），《旧五代史·刘𬬮传》云：“先是，广州法性寺有菩提树一株，高一百四十尺，大十围，传云萧梁时西域僧真谛（智药三藏）之所手植，盖四百余年矣。皇朝乾德五年（967）夏，为大风所拔。是岁秋，（刘）𬬮之寝室屡为雷震，识者知其必亡。”[②]南汉林衢《光孝寺诗》亦有“旧煎诃子泉犹冽，新种菩提叶又繁”[③]句，据此可推测光孝寺菩提树历史上曾屡遭毁死。宋绍圣元年（1094），苏东坡在惠州寄书给程正辅说：“广倅书报，近日飓［飓（yù）］风异常，公私屋倒二千余间，大木尽拔。乾明诃子树已倒，此四百年物也。”[④]可知当年发生了飓风，乾明寺（光孝寺）诃子树被刮倒，若真的“大木尽拔”，那寺内菩提树可能也被刮倒了，大概之后又经补种。南宋时，作为母树的光孝寺菩提树死了，寺内僧人就从

① 汤显祖：《过光孝寺咏菩提树分得僧字》。

② 宋·薛居正等撰：《旧五代史》卷一百三十五《僭伪·刘𬬮传》，北京：中华书局，1976年，第1810页；又见载于《正史佛教数据类编》第5卷，CBETA电子佛典集成，第0367a27—a30页。

③ 清·厉鹗撰：《宋诗纪事》卷八十二，尘斋藏书，上海：上海古籍出版社，1983年，2007页。林兆祥《唐宋咏粤诗选注》诗题注林衢为南汉广东长乐人，长乐系属福建，疑误。

④ 《苏轼文集》卷五十四，《与程正辅七十首》之四十一，孔凡礼点校，北京：中华书局，1990年，第1606页。

● 智药三藏植下的那株古菩提树，在清代乾隆年间长得非常繁茂，清初屈大均在《广东新语》中描述此树："大可百围。作三四大柯。其根不生于根而生于枝。根自上倒垂。以千百计。……二月而凋落。五月而生。"树干凹凸不平，粗约两抱，分枝处有些寄生植物，树顶叶色苍翠

光孝寺内的菩提树（图片来源：[日]森清太郎《岭南纪胜》）

宝林寺剪枝接种回光孝寺种植。所以，南宋方信孺的《南海百咏》记载：“树虽非故物，亦其种也。”在南宋绍熙元年（1190）日僧荣西到光孝寺又把菩提树移植到日本。清嘉庆二年（1797），一场台风把高大的光孝寺菩提树刮倒了，寺僧削其树枝，扶起树身，用架子固定，树叶复生，但只过一年便枯死了。在这以前，韶关南华寺曾将这树分枝去种，嘉庆四年（1799）光孝寺监院瑞葛亲往韶关南华寺剪取树枝，续种在原处。所以，现在的菩提树是原植那棵的后代。

1928年，日本人常盘大定一行所拍光孝寺《重修六祖菩提碑记》老照片

清代的光孝寺菩提树，“树本不甚大，而高罩繁阴，寺僧干其叶，蒲如罗纹，装为小册以赠宦辈，亦媒金之妙囮也”。[①]

有关菩提树为飓风所拔重植一事，清人多有记载。

> 嘉庆丁巳六月，广州飓风大作，树拔起，粤抚陈大文命树工栽之，培以豆谷腴泥，树复生。年余复槁，寺僧往南华寺，分其种，仍栽故处，亦翘然葱茜矣。《五代僭伪传》：“乾德五年（967）夏，光孝寺菩提树为大风所拔。”南汉林衢[②]《光孝寺诗》云：“旧煎诃子泉犹冽，新种菩提叶又繁。”据此树已屡易，固非达摩之手植矣。[③]

据《光孝寺志》载：“大清嘉庆二年六月二十五日夜”，忽然飓风起，把光孝寺的菩提树吹倒，“寺僧即削去树枝，用架绞起树底，放谷十担种回，复生枝叶”。[④]

“菩提已无树，[⑤]贝叶不闻经”。

① 清·檀萃著，杨伟群校点：《楚庭稗珠录》卷二《光孝寺》，广州：广东人民出版社，1982年，第49页。

② 林衢为五代（907—960）福建长乐人，生平事迹不详。

③ 徐珂编纂：《清稗类钞·第44册·植物·下·第5版》，商务印书馆，1928年，第248页。

④ 清·顾光、何淙修撰：《光孝寺志》，《插图》，中山大学中国古文献研究所整理组点校，北京：中华书局，2000年，第6页。

⑤ 清人黄炳堃《同桂述卿游光孝寺》诗自注云：寺中菩提树已枯朽，寺僧以栏槛护之。

● 图中左为大殿东侧的走廊，右为风幡阁，正面对的建筑是纪念六祖的『祖堂』，祖堂前的大树就是古菩提树。此树虽非彼树，却是原树的重生，是原树生命的延续，仍是古寺千年因缘的见证。它的『阅历』，比我们任何一个人都要丰富

“梁代菩提根已换”①，“一朝铁飓恣飘折，代以小者枝柯孱。我闻佛力等龙象，护树护法容非艰……何如孔林植古桧，新枝老干生循环”②。

光孝寺僧天藏元旻《菩提树》诗云：

老干风欺半作薪，
灵根凡历几千春。
如今更见孙枝发，
似待当来说法人。③

徐文明教授在《求那跋摩在华事迹探讨》一文中说道：“一般认为王园寺菩提树为梁朝智药三藏所植，也有人认为是梁末真谛三藏，这里又提出了一个新的说法，即菩提树为刘宋求那跋摩手植，这比智药又早了八十年。”④徐教授的新提法，俟方家论证。

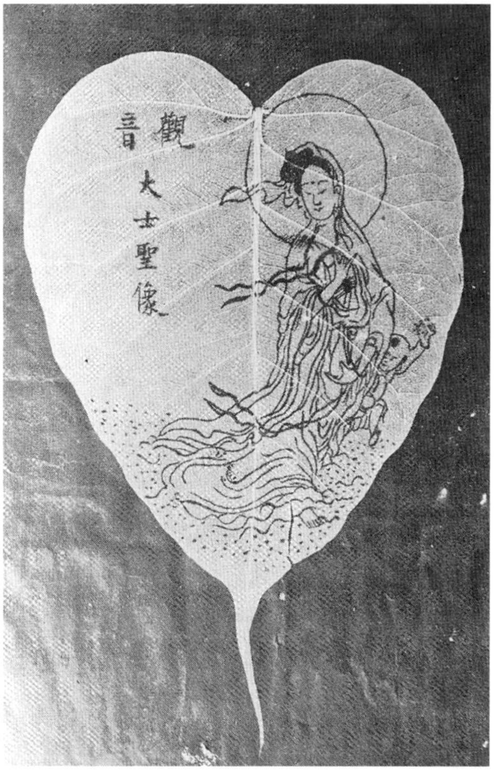

光孝寺菩提树叶浣渍而成之菩提纱，可制灯帷及画佛像

六祖惠能在菩提树下受戒，更引得不少僧侣文人感慨万千，纷纷留下名句。明憨山德清《法性寺菩提树作》诗云：“道种来西竺，灵根植上方。果成从释梵，花发自梁唐。叶覆慈云密，枝垂法雨香。归依聊敬仰，五热顿清凉。”清光孝寺僧成鉴圆德《菩提树》诗云：“无树依然有树存，纷纷拟议扰儿孙。祇园除却菩提荫，智药能师两不言。”“谁言定后参无树，留现维摩幻化身。”⑤又有清孝廉冯公侯《菩提树》诗云：“梁唐自昔称嘉树，菩萨如今少肉身。百战风雷余劫在，如何留树不留人。”

当年六祖受戒的戒坛今已不存，但那株菩提树却还依然生机勃勃，屹立在大雄宝殿的东北角，与瘗发塔相依并立。菩提树的树干可四人合抱，枝叶扶

① 清人任锡纯《游光孝寺同费辉山》诗自注云：梁智药禅师所植菩提树为风所拔，寺僧另植于旧址。

② 岑澂：《光孝寺观再植菩提树作》，见载于广州市佛教协会编：《羊城禅藻集：历代广州佛寺丛林诗词选》，广州：花城出版社，2003年，第81页。

③ 清·顾光、何淙修撰：《光孝寺志》卷十二《题永志下》，中山大学中国古文献研究所整理组点校，北京：中华书局，2000年，第169页。诗自注云：诗首句是说菩提树被飓风摧倒枯死，第二、三句叙述光孝寺监院瑞葛亲往南华宝林寺取回孙枝一事，诗末句追溯源头智药三藏从印度持菩提树植光孝寺。

④ 《广东佛教》2017年第5期。

⑤ 清·许宪：《题光孝古迹八首》其二。

●据记载，梁天监元年（502），智药三藏在光孝寺戒坛前植下的菩提树是全国最早的。清嘉庆二年（1797），古树被一场大台风刮倒后枯死。眼前这株菩提树是在嘉庆四年（1799）时补种原处长成的，树龄至今也有二百多年。国内其他地方的菩提树，都是从这里分植出去的

疏，高大挺拔，荫覆数亩。据广州市政府2006年监制的菩提树树标牌可知树龄为239年，依据何种史料，不得而知。

诃子树

虞翻当年在园里种了许多诃子树，据说到明朝末年还有五六十株。后经战乱，当年的诃林，仅剩一棵生长于光孝寺大殿后面。现存的这棵诃子树是在乾隆年间重修《光孝寺志》以后，寺僧补植的，也已经有150多岁。

诃子，又名诃梨勒，属于使君子科的大乔木。原产于印度、缅甸南部一带，后由梵僧传入中国。三国时期，虞翻于虞苑内遍植诃子树，当时称“苛林”。建寺以后，这里仍称为苛林，一直到南宋高宗绍兴七年（1137），“诏改天宁万寿禅寺作报恩广孝禅寺。二十一年易‘广’字为‘光’字，‘苛林’为‘诃林’”。[①]

光孝寺内的诃子树

① 清·顾光、何淙修撰：《光孝寺志》卷一《法界志》，中山大学中国古文献研究所整理组点校，北京：中华书局，2000年，第20页。

● 光孝寺旧遗诃子树

● 光孝寺旧遗诃子树之果实，俗称诃子

南朝宋永初元年（420），梵僧求那跋陀罗三藏飞锡至此。他之所以一看诃子树就认出是“西方诃梨勒果之林”，是因为诃梨勒树广泛分布生长在印度，而且诃梨勒果是古代印度僧团中经常使用的一种药物，可治多种疾病，还是可以食用的一种果实。

诃梨勒果可以制作饮料，晋嵇含的《南方草木状》对其制作方法有明确记载：“诃梨勒树，似木梡。花白。子形如橄榄，六路，皮肉相着。可作饮，变白髭令黑。出九真[①]。”到了唐代，诃梨勒果更成了三勒浆酒中的一种原料，明彭大翼《山堂肆考》卷二三五“三浆”载：“唐宴进士有三勒浆，谓诃梨勒、庵摩勒、乌榄勒也。”[②]用诃梨勒制作饮料之

① 当年汉武帝灭南越国后，设南海十郡，其中交趾、九真、日南三郡在今越南北部、中部。后来，汉交趾、九真二郡地演变成了隋唐的安南，日南郡则另有去处。

② 明·彭大翼撰：《山堂肆考》卷二三五，四库全书影印本，第18页。

位于大殿后门的诃子树。诃子树树冠稠密，叶色青翠，结果累累，寿命绵长，是良好的风景树，果实可供药用。从大殿西侧殿角东望，可见大殿望柱石狮、诃子树、瘗发塔。这棵珍贵的诃子树，远观虽然仍是枝繁叶茂的景象，树干却已经半空

殿后诃子树上的果实缀满枝头

法，晋朝时就自海外传到中原，唐代岭南人已知道采摘当地诃子制作饮料，并传至内地。《南部新书》庚卷记载：

> 诃子汤，广之山村皆有诃梨勒树，就中郭下法性寺佛殿前四五十株，子小而味不涩，皆是陆路。广州每岁进贡，只采兹寺者。西郎僧院老树下有古井，树根蘸水，水味不咸。院僧至诃子熟时，普煎此汤，以延宾客。用新诃子五颗、甘草一寸，并拍破，即汲树下水煎之，色若新茶，味如绿乳，服之消食疏气，诸汤难以比也。……近李夷庚自广州来，能煎此味，士大夫争投饮之。[①]

唐代孟琯的《岭南异物志》载："每子熟时，有佳客至，则（光孝寺）院僧煎汤以延之。"[②]

《岭南异物志》云："广州法性寺佛殿前，有河梨，（'河'疑'诃'之误）四五十株。子极小而味不涩。皆是

① 宋·钱易撰，黄寿成点校：《南部新书》，北京：中华书局，2002年，第107—108页。

② 骆伟、骆廷辑注：《岭南古代方志辑佚》，唐·孟琯撰：《岭南异物志》，广州：广东人民出版社，2002年，第242页。

从大殿西侧后殿角东望，依次可见大殿望柱石狮、诃子树、瘗发塔、菩提树，相互见证这里的岁月以及岁月背后的人和事

六路，每岁州贡，只以此寺者。寺有古井，木根蘸水，水味不咸。”[①] 本寺住持圆德亦在《诃林随见录》说：“使其（诃子树）尚在，余将日汲诃泉，煎诃子，邀致皓首苍髯者而饮之，使世人皆得转少（九）还童，天下之叟必且重研而至矣。”

从晋嵇含的“变白髭令黑”至清圆德的“转少（九）还童”，皆说明诃子果有很好的养生之效。

光孝寺的诃子树自三国后，传植甚盛，但至唐天宝年间似已仅存两株。

唐天宝八年（749），据鉴真记载，“此寺有诃黎勒树二

① 骆伟、骆廷辑注：《岭南古代方志辑佚》，唐·孟琯撰：《岭南异物志》，广州：广东人民出版社，2002年，第242页。

这株古老的诃子树已经有153年的历史，但原树干已空，唯有一侧树皮留生机，目前此树是再生出来的，树龄已有153年

株，子如大枣”[①]。

宋代，从苏东坡的书信中，得知光孝寺内仅存的诃子树遭受台风灾害，若真的“大木尽拔”，那寺内的菩提树、诃子树大概以后又再经补种。

至明崇祯时（1628—1644），寺内尚存五六十株诃子树。本寺住持圆德大师在乾隆时期修《光孝寺志》时曾记载诃子树“余童时犹及见一株在寺东蔬圃中，今则无矣”[②]。《光孝寺志》卷三载：“在昔虞翻所植者，寺内最多。历代寺僧

---

① ［日］真人元开著，汪向荣校注：《唐大和上东征传》，北京：中华书局，1979年，第73页。

② 圆德：《诃林随见录》三则，见载于清·顾光、何淙修撰：《光孝寺志》卷三《古迹志》，中山大学中国古文献研究所整理组点校，北京：中华书局，2000年，第44页。

亦有增植，明季尚余五六十株，今俱尽矣。”[①]今殿后的一株诃子树乃清代中叶后再植者。

《诃林随见录》三则记述了寺内菩提树、诃子树和苹婆树的存留情况。谓寺内曾有众多诃子树，“然余自龆龀入寺，则已不得见（诃子树）矣。不知伐自何时，良可惋惜”[②]。

又据康熙年间该寺天藏元旻大师题咏“菩提独有树，诃子久无香”，表明寺内当时已经没有诃子树了。据此亦可知，今存大殿之诃子树一株，乃清代修撰《光孝寺志》之后补植的。又据《广东省志·宗教志》载：“清顺治七年（1650）清军南下，炮轰广州城，光孝寺建筑遭到严重破坏。清军进入广州后，光孝寺房舍多被占用为兵营，规模大为缩小。”[③]诃子树可能就是在这次兵火中毁掉的。

至民国，光孝寺长期被占作他用，或改作学校校址，或改作政府机关所在

① 清·顾光、何淙修撰：《光孝寺志》卷三《古迹志》，中山大学中国古文献研究所整理组点校，北京：中华书局，2000年，第43页。

② 圆德：《诃林随见录》三则，见载于清·顾光、何淙修撰：《光孝寺志》卷三《古迹志》，中山大学中国古文献研究所整理组点校，北京：中华书局，2000年，第44页。

③ 黄德才主编，广东省地方史志编纂委员会编：《广东省志·宗教志》，广州：广东人民出版社，2002年，第57页。

大雄宝殿后新绿诃子树

地，亦未曾补植。至抗战胜利后，广东省立文理学院因校址被日军炸毁，借用光孝寺为校址，当时的院长罗香林先生撰专著《唐代广州光孝寺与中印交通之关系》研究光孝寺，文中就称“所见古遗诃子树，仅一株独秀矣。此株古树，似即曾燠[①]时所补植遗存者”[②]。是为清代曾燠出镇广东，于寺内建虞翻祠，增补植诃子树，但数量不详。

光孝寺正式命名为“诃林”是在南宋绍兴二十一年（1151）皇帝赵构下诏确定的，所以，光孝寺在历史上不同时期称“苛林”和“诃林”。其变化：⑴三国（220—265）虞翻——南朝宋元年（420）求那跋陀罗，称“苛林”；⑵南朝宋元年（420）求那跋陀罗——南宋绍兴二十一年（1151）赵构，“苛林”与“诃林”二名并存；⑶南宋绍兴二十一年（1151）赵构至现在，称为“诃林”。

至今光孝寺大门内侧悬挂着一块“诃林”的匾额，《光孝寺志》卷三载：大门匾“诃林”两个大字为明万历间翰林宫坊高明区大相书。[③]大门外面抱柱上的对联“五羊论古寺，初地访诃林”，是取自清代李长荣的五言诗《集

诃子树标牌

诃林即席成诗四首》其一：

五羊论古寺，初地数诃林。
浩劫千年冷，秋风一巷深。
经时蔬笋约，他日薜萝心。
郭里如山里，幽栖未易寻。[④]

诗中的“数诃林”，在对联中是“访诃林”，一字之变，意境不同。“初地数诃林”，有人说独木不成林，但光孝寺内当时仅有的一棵诃子树，也被诗人称为诃林。岁月沧桑，当年的诃林，如今仅剩一棵生长于光孝寺大殿后面，据广州市政府2022年监制的树标牌树龄为153年。

① 曾燠于清嘉庆十年（1805）任广东布政使，嘉庆十六年（1811）在光孝寺内修建虞翻祠。

② 罗香林著：《唐代广州光孝寺与中印交通之关系》，香港：中国学社，1960年，第152页。

③ 清·顾光、何淙修撰：《光孝寺志》卷三《古迹志》，中山大学中国古文献研究所整理组点校，北京：中华书局，2000年，第44页。

④ 清·顾光、何淙修撰：《光孝寺志》卷十二《题永志下》，中山大学中国古文献研究所整理组点校，北京：中华书局，2000年，第172页。

《殿角李花》：诃林殿角一枝春，禅院游人敬梵魂。蜂蝶采花色香在，风幡堂外悟灵源（诗：达亮　摄影：刘城城）

大殿东南角古榕与钟楼

地藏殿右侧、洗钵泉前古榕树龄为308年

放生池西侧、广东省佛教协会办公楼旁古榕树龄为264年

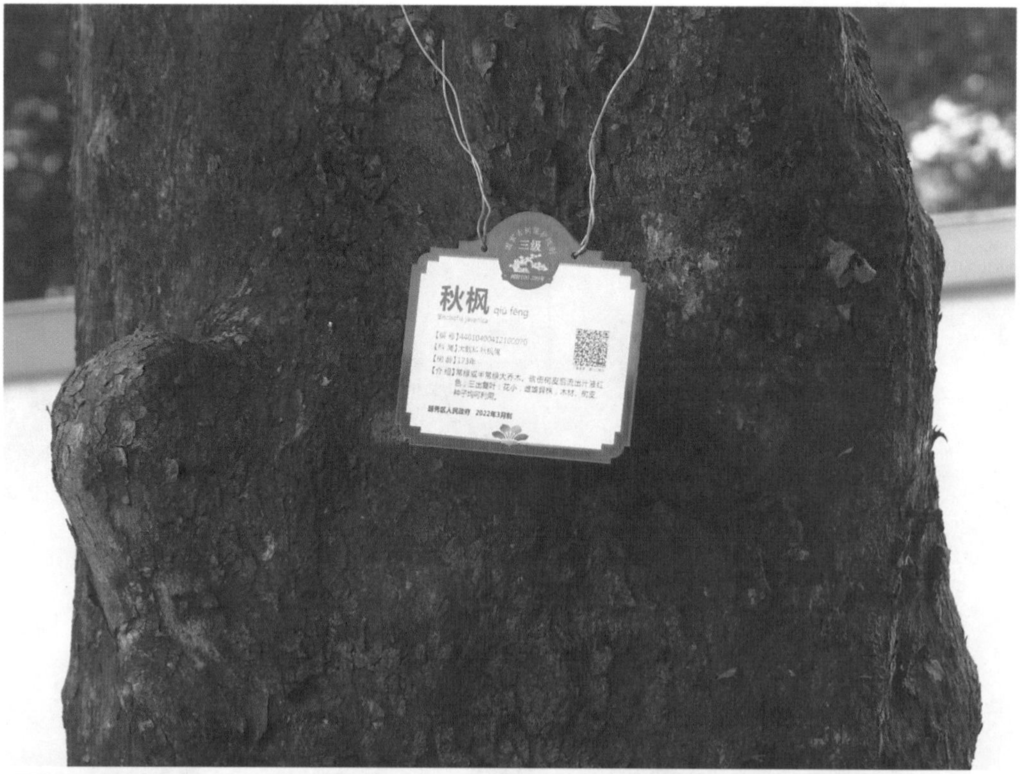

秋枫树标牌

水翁树标牌

殿角风铃与卧佛殿前木棉花

无忧树种在菩提树与泰佛殿之间，前方远处为六祖殿

第四章

光孝寺高僧名德

一　莅寺大德

道光《广东通志》载："粤城内外古道场，以光孝为第一，气象古朴，殊乎他刹。六朝以还，名僧居此者：昙摩耶舍、求那跋陀罗、智药三藏、初祖六祖、印宗法师、波罗末陀、般剌密（蜜）谛（帝）、仰山通智禅师、憨山德清法师、天然函昰禅师。"[①]

"寺以僧显，僧因寺名"，这是中国佛教在发展过程中所共有的规律性现象，在广州佛教发展史上体现得更为充分和典型，高僧辈出与名寺林立形成了相得益彰的关系。名寺多高僧，广州光孝寺亦然。特殊地理位置以及光孝寺重要地位的影响，也使得广州成为佛教文化滋生和弘扬的沃土。

昙摩耶舍

昙摩耶舍（梵名Dharmayasas 316—？[②]），亦称法明，乃光孝寺之开山祖，佛教重要论典《舍利弗阿毗昙》的翻译者，《高僧传》称其为罽宾（今克什米尔）人。东晋，继耆域之后来广东弘法的域外僧人，影响最大者当属昙摩耶舍。[③]

昙摩耶舍善诵《毗婆沙律》，人称"大毗婆沙"。[④]耶舍由

---

① 清·阮元撰：《广东通志》卷二二九《古迹略十四·寺观》，《续修四库全书》本，第714—715页；又见王士祯：《广州游览小志》。

② 有关卒年，《高僧传》卷一"昙摩耶舍传"条载，"宋元嘉（424—453）中，辞还西域，不知所终"。

③ 梁·释慧皎撰，汤用彤校注，汤一玄整理：《高僧传》卷一《译经上·晋江陵辛寺昙摩耶舍》，北京：中华书局，1992年，第41—42页。

④ 梁·释慧皎撰，汤用彤校注，汤一玄整理：《高僧传》卷一《译经上·晋江陵辛寺昙摩耶舍》，北京：中华书局，1992年，第42页。

昙摩耶舍像

海道来华，先在广东登岸传法，然后北上京洛，译经传法。昙摩耶舍是文献记载的第一个海路入华、陆路返回的外国僧人。昙摩耶舍在中土弘法三四十年，先后到过佛山、广州、长安、江陵等地，在广东的时间最长。

东晋隆安二年（398），昙摩耶舍到达佛山，创建塔坡寺。[①] 晋隆安中约399年至广州，住白沙寺。[②] 在广州耶舍开创王园寺，建立大殿五间。他在广东约12年，其间译经、授徒、弘法事迹见于诸地方文献。当时，晋朝佛经的翻译和佛法的东传开始活跃起来。

东晋义熙年间（约411年）昙摩耶舍离开广州抵达长安译经传法，义熙十三年（417）在江陵一带，“止于辛寺，大弘禅法”[③]；南朝宋元嘉年间（424—453），昙摩耶舍又沿陆路离开中土，辞还西域。昙摩耶舍如耆域一样“辞还西域，不知所终”[④]，其行程亦属典型的由海路来华僧人传法活动模式：广东为入华初地，但并非最终目的地，中原、京洛才是其传法的主要目的地。

求那跋陀罗

昙摩耶舍之后，来广州传教的印度僧人是南朝宋时《楞伽经》之首译者求那跋陀罗（Gunabhadra 394—468）。梵名“求那”是“功德”的意思，“跋陀罗”是“贤”的意思，意译“功德贤”，是南朝宋时期重要的佛经翻译者，中天竺人，世号摩诃衍，婆罗门种（贵族）姓。南朝宋泰始四年（468）卒于建康，春秋七十有五。传记见于南朝梁《高僧传》卷三、《出三藏记集》十四、《历代三宝记》十、《开元释教录》五、《佛祖历代通载》八等。

---

① 塔坡寺位于佛山汾江区京果街1号，是佛山最大的丛林。东晋隆安二年（398），罽宾国僧人昙摩耶舍到南海季华乡塔坡岗结茅讲经，从此佛教传入佛山。昙摩耶舍离去后，其徒募捐在其讲经之处兴建佛寺，名塔坡寺，又称经堂。

② 白沙寺，当即王园寺早期之别称。见载罗香林著：《唐代广州光孝寺与中印交通之关系》，香港：中国学社，1950年6月初版，第34页。

③④ 梁·释慧皎撰，汤用彤校注，汤一玄整理：《高僧传》卷一《译经上·晋江陵辛寺昙摩耶舍》，北京：中华书局，1997年，第41—42页。

● 求那跋陀罗像

求那跋陀罗生于信奉婆罗门教的家庭，自幼即学五明[①]诸论，广研天文、书算、医方、咒术等学。关于求那跋陀罗，僧祐《出三藏记集录》卷一四记载了相关内容。

“既有缘东方，乃随舶泛海”。求那跋陀罗初赴狮子诸国，想从这里乘船到中国去。据《高僧传》[②]记载，这次航海是极困难的。

求那跋陀罗于南朝宋元嘉十二年（435）春抵达广州。[③]一到中国，便受到了皇帝及名流的热烈欢迎。

求那跋陀罗初入园时，见园内诃子树成林，对众曰：“此西方诃梨勒果之林也，宜曰苛林制止。”因立制止道场，立碑勒石，并预谶曰：“后（二百三十年）当有肉身菩萨于此受戒。”《光孝寺志》卷六《法系志》还说他在制止寺“奉诏译经。后事无可查”[④]。

求那跋陀罗不仅是翻译《杂阿含经》《胜鬘经》《楞伽经》等重要佛经的著名译经家，还是建立中土禅宗的重要禅师，其翻译的《楞伽经》是中国禅学的基本著作，开启了中土禅风的先声，对中国禅学特别是禅宗的传播有着巨大影响。

智药三藏

智药三藏，西竺僧人。南朝梁天监元年（502），智药三藏自西天竺国携菩提树一株，航海而来。一触曹溪山水，即惊叹其来自西天，与宝林之甘香无二。他至广州将菩提树植于广州王园寺南朝宋时求那跋陀罗所建戒坛之畔，预谶曰：“吾过后一百七十年，当有肉身菩萨来此树下开演上乘，度无量众。”

后来广东的僧人又将菩提树繁殖并分别栽到其他有名的寺院中，成了广东

① 五明：声明（文典训诂之学）、工巧明（工艺、技术、历算等学）、医方明（医学、梵咒、药石之学）、因明（论理学）、内明（四吠陀论）。

②③ 梁·释慧皎撰，汤用彤校注，汤一玄整理：《高僧传》卷三，北京：中华书局，1992年，第131页。

④ 清·顾光、何淙修撰：《光孝寺志》卷六《法系志》，中山大学中国古文献研究所整理组点校，北京：中华书局，2000年，第60页。

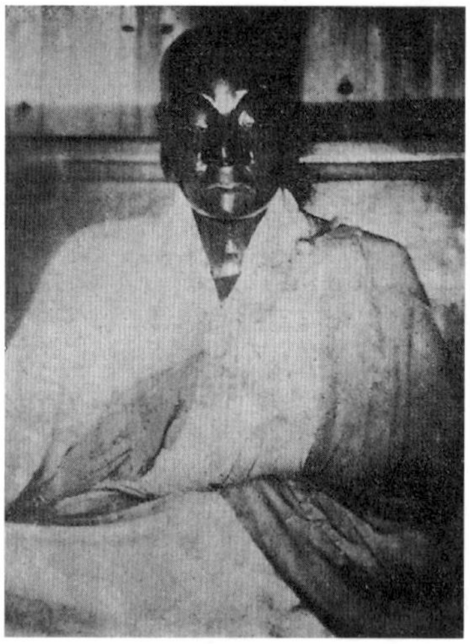

● 智药三藏真身舍利像

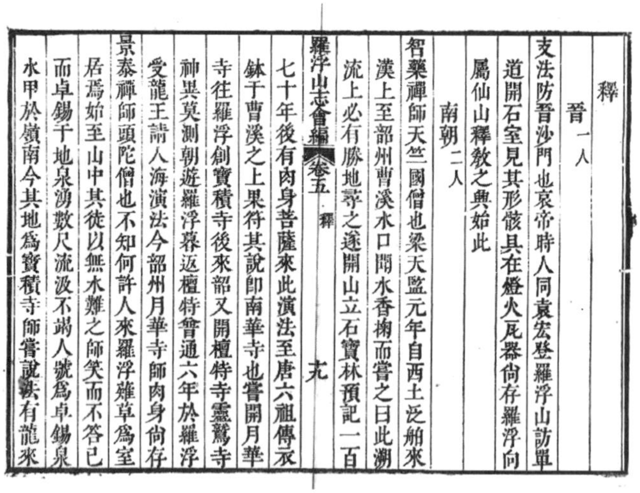

釋

晉 一人

支法防晉沙門也哀帝時人同袁宏登羅浮山訪單
道開石室見其形骸具在蹬火瓦器尚存羅浮向
屬仙山釋敎之典始此

南朝 二人

智藥禪師天竺國僧也梁天監元年自西土泛船來
漢上至部州曹溪水口聞水香掬而嘗之曰此溯
流上必有勝地尋之遂開山立石寶林預記一百

羅浮山志會編 卷五 釋 九

七十年後有肉身菩薩來此演法至唐六祖傳衣
鉢于曹溪之上果符其說卽南華寺也嘗開月華
寺往羅浮創寶積寺後來韶又開檀特寺靈鷲寺
神異莫測朝遊羅浮暮返檀特會通六年於羅浮
受龍王請入海演法今部州月華寺師肉身尚存
景泰禪師頭陀僧也不知何許人來羅浮薙草爲室
居焉始至山中其徒以無水難之師笑而不答已
而卓錫于地泉湧數尺流汲不竭人號爲卓錫泉
水甲於嶺南今其地爲寶積寺師嘗說法有龍來

● 智药禅师小传见于（康熙）《罗浮山志会编》卷五

禅林的象征。

真谛

继智药三藏之后到广州的佛经翻译家、被称为中国佛教史上“四大译师”[①]之一的真谛（499—569），梵名波罗末陀、波罗末他（Paramartha），或云拘罗那陀（Kulanatha，又称拘那罗陀），华言亲依，为西印度优禅尼婆罗门族人。少时博访众师，学通内外，尤精于大乘之说。他以弘道为怀，泛海南游，止于扶南国（今柬埔寨）。南朝梁中大同元年（546）八月十五日，真谛由扶南国泛海至南海（今广州）。梁太清二年（548）闰七月进入建康（今南京），即受到梁武帝的礼敬，始住于宝云殿，正准备从事翻译经纶的事业，遭逢“侯景之乱”，不果所愿，乃往东行。

南朝陈天嘉三年（562）九月，64岁的真谛欲归本国，但在海上遇风，十二月间被漂回广州。刺史欧阳頠请他为菩萨戒师，迎住制止寺。

《光孝寺志》卷七《名释志·过化尊宿四人传》引《番禺志》云：

> 师于州内海返择一小州，四面皆水，屏绝舟舫，结茅居其间，不入城市……师乃铺坐具于水上，趺坐其中，凌波容与而来，登岸与纶谈笑经时，绝无湿润，叹曰：“我师真圣人也。”光大二年，师入广州后北岭山，告众欲入灭。道俗啼泪挽留，州刺史稽颡乞赐住世。师为点头，遂迎归王园寺供养。[②]

① 郭朋：《汉魏两晋南北朝佛教》，济南：齐鲁书社，1986年，第719页。

② 清·顾光、何淙修撰：《光孝寺志》卷七，中山大学中国古文献研究所整理组点校，北京：中华书局，2000年，第71页。

由于刺史欧阳頠及广州道俗挽留，真谛才安置于制止寺、王园寺翻经传法。

天嘉四年（563），僧宗、法准、法泰等自梁安到广州，从学真谛。正月十六日，真谛译《唯识论》，三月五日完成。九月，欧阳頠去世，欧阳纥接任父职。真谛师徒被迫离开广州城制旨寺，迁居到南海郡治。天嘉五年（564），真谛欲回国，为欧阳纥挽留。正月二十五日，真谛于制旨寺始译《俱舍论》，至《惑品》。光大二年（568）六月，真谛迎还至广州制旨寺。①

《光孝寺志》卷二《建置志》载：

陈武帝永定元年，西印度优禅尼国波罗末佗三藏陈言真谛，来游中国，至广州。

刺史欧阳頠延居本寺，请译佛《阿毗昙经》《金刚般若经》《无上依经》《僧涩多律》《俱舍论》《佛性论》，共计四十部，皆沙门慧恺笔授。②

真谛不仅精通汉语，而且佛学造诣很深，信手拈来的佛教典籍可直接用汉语来讲解和阐发，弟子记述便成为义疏，翻译起来得心应手。他在寺内译出的重要论典，推动了中国南北朝时期摄论宗和俱舍论的成立，对后来的中国佛教的重要义学派别摄论宗和俱舍宗产生了至关重要的影响，被后来传习者尊为三藏法师、摄论师及俱舍师。

真谛三藏在光孝寺译出《大涅槃经论》后，涅槃讲读之风才在岭南兴起。由于时值“侯景之乱”，真谛历经坎坷，外患内忧，条件艰辛，但他在23年间，共译佛经近300卷。③真谛“始梁武之末，至陈宣即位，凡二十三载，所出经论记传，六十四部，合二百七十八卷”④。“谛在梁陈二代，凡二十三载，所出经论记传六十四部，合二百七十八卷。”⑤所译经典甚丰，译经六十四部，其中所译的法相、唯识之学，至隋唐发展成为重要的宗派，对中国和广东的佛教传布起了很大的作用。

真谛在中国经历了南朝梁和陈两代共23年，历尽坎坷，译经不舍。于陈永定元年（557）初居广州光孝寺译经，几次想回西域，均未如愿。直至太建元年（569）于广州逝世，寓居广州光孝寺达12年之久（若加上546年年初至南海和居住韶关的时间，真谛留在广东的时间超过12年）。

---

① 徐文明著：《佛山佛教》，《附录二 佛山佛教大事记》，广州：广东人民出版社，2013年，第286—288页。

② 清·顾光、何淙修撰：《光孝寺志》卷二《建置志》，中山大学中国古文献研究所整理组点校，北京：中华书局，2000年，第19页。

③ 汤用彤著：《汉魏两晋南北朝佛教史》，北京：中华书局，1983年，第625页。

④ 唐·释道宣撰：《续高僧传》，《大正藏》第五十卷，台北：新文丰出版社，1973年，第426页。

⑤ 罗香林著：《唐代广州光孝寺与中印交通之关系》，香港：中国学社，1960年，第38页。

光孝寺殿内之三宝佛

"太建元年（569）正月十一日，遘疾迁化，时年七十有一"[①]。真谛圆寂于寺外白云山，"起塔于海边潮亭"，"师于州内海返择一小州"，"当即今广州市西之沙面，其州后北山，当即广州市北之白云山。是真谛不特于光孝寺圆寂，且于广州附近诸山水，亦甚有因缘也"。[②]

般剌蜜帝

光孝寺中外文化交流史上另一重大事件即《楞严经》的传译。《光孝寺志》卷二《建置志》云："中国之有《楞严经》，自岭南始。"[③]

般剌蜜帝（梵名Paramalra）即释极量，"中印度人也，梵名般剌蜜帝，此言极量。怀道观方，随缘济物，展转游化，渐达支那，乃于广州制止道场驻锡"[④]。唐神龙元年（705），般剌蜜帝与被贬广州的时任宰相房融在寺内译出《楞严经》，这是当今汉传佛教早晚功课必诵经典。房融参与翻译《楞

① 罗香林著：《唐代广州光孝寺与中印交通之关系》，香港：中国学社，1960年，第38页。

② 罗香林著：《唐代广州光孝寺与中印交通之关系》，香港：中国学社，1960年，第38—39页。

③ 清·顾光、何淙修撰：《光孝寺志》卷二《建置志》，中山大学中国古文献研究所整理组点校，北京：中华书局，2000年，第19页。

④ 宋·赞宁撰，范祥雍点校：《高僧传》卷二《唐广州制止寺极量传》，北京：中华书局，1987年，第31页。

严经》之事，至宋代仍广为流传。“故《大乘》诸经至《楞严》，则委曲精尽胜妙独出者，以房融笔授故也。”[①] 且自五代以来，《楞严经》历为方内外所艳称，在岭南流传甚广，宋元祐时广州知州蒋之奇在光孝寺内建译经台、笔授轩纪念其事。

六祖惠能

六祖惠能生于唐贞观十二年（638）二月八日子时，祖籍河北范阳，为卢氏大族。在唐武德年间（618—626），因为他的父亲宦于广东，便落籍于新州。但因其父“左降流于岭南，作新州百姓。此身不幸，父又早亡，老母孤遗，移来南海，艰辛贫乏，于市卖柴”[②]。惠能生长在新州，三岁丧父，其母守志抚孤，家贫，惠能以采樵为生。一日，因负薪到市上，听到别人读《金刚经》到“应无所住而生其心”一段，有所领悟而前往湖北黄梅县向禅宗五祖弘忍禅师学法。唐龙朔元年（661）春，24岁的惠能抵达黄梅东禅寺，8个月后得五祖弘忍传法衣钵，然后南返广东，栖隐四会、怀集十五年，[③] 于唐仪凤元年（676）正月初八日至广州法性寺（今光孝寺），因“风幡之议”为印宗法师礼尊，正月十五日印宗法师于法性寺菩提树下为惠能剃发，二月初八日印宗法师请智光律师等高僧为惠能授满分戒（具足戒之异称）。从此，惠能成为禅宗六祖，开东山法门，大弘禅法。

仪凤二年（677）孟春，惠能到达韶州曹溪宝林寺（今韶关南华寺），开创禅宗顿悟法门，并在此弘法37年之久，得法弟子43人。先天二年（713）八月初三日，惠能于新州国恩寺圆寂，十一月十三日，惠能真身迁往曹溪，供奉于灵照塔中。

惠能圆寂百余年后，唐宪宗追谥惠能为“大鉴真空禅师”，赐塔名为“元和灵照之塔”。惠能以后，其著名弟子

曹溪南华寺六祖真身像

① 宋·苏轼撰，孔凡礼点校：《苏轼文集》卷六十六《书柳子厚大鉴禅师碑后》，北京：中华书局，1990年，第2084页。

② 鸠摩罗什等著：《佛教十三经》，《坛经·行由品第一》，北京：中华书局，2010年，第95页。

③ 惠能隐居于猎人队伍中有十六年之说，唐高宗龙朔元年（661）至上元二年（675）。

● 明万历本木刻版印六祖真像

● 清乾隆本木刻版印六祖像

神会、怀让、行思对南禅各有承续。

> 昔六祖惠能大师，由黄梅得衣钵之传，初至广州光孝寺，适逢二僧因风吹殿间幡动，一曰风动，一曰幡动，两相争论，无从解决，大师乃向之言曰：非幡动，非风动，是仁者心动。由是观之，凡动皆心，心外无动。而心外无动者，则又以心外无物故也。一句夺人心境的“不是风动，也不是幡动，是仁者的心在动”的寥寥数语，尽揭唯心派之要旨。

细嚼这段文字，一是印宗得知惠能到来，便出门迎接，并周致安排；二是讲经时遇风幡之辩，则请教惠能。由此试想，如果所记属实，则惠能的六祖身份或早已为人所知、名声在外，才会初来乍到便有如此的礼遇。

六祖惠能曾三次结缘宝林寺，第三次是惠能在广州法性寺出家后重返韶州曹溪宝林寺。当惠能在广州法性寺落发受戒、开堂讲法不久后，面临一个新的问题，就是长期在广州还是另谋弘法之地。于是，印宗法师问惠能“久在何处住”？[①] 这看似关心惠能的话，实际上是给惠能提出一个长远打算的问题。惠能当机立断，予以明确答复：“韶州曲江县南五十里曹溪村故宝林寺。”[②] 后，印宗法师便召集僧俗千多人将惠能送归韶州曹溪宝林寺。惠能直到唐仪凤二年（677）才公开禅宗衣钵传人身份，由广州法性寺北上驻锡宝林寺，并得里人陈

① 杨曾文：《〈曹溪大师传〉及其在中国禅宗史上的意义》，林有能主编：《六祖慧能思想研究》（三），香港：香港出版社，2007年，第25页。

② 清·丁福保撰：《六祖坛经笺注·机缘品第七》，香港：香港宏大印刷制本公司，2002年，第157页。《曲江县志》卷十六：“南华寺，在城南六十里曹溪，为岭南禅林之冠。”

亚仙舍地扩建寺院。

惠能在广州法性寺落发受戒，表面看来是机缘巧合，实则是一种选择。受戒后的惠能，从长远考虑，选择了韶州曹溪；只是到晚年，考虑到报恩与叶落归根，才圆寂于家乡新州。这正如憨山德清所言：六祖惠能的南宗禅，“其根发于新州，畅于法性，浚于曹溪，散于海内。是知文化由中国渐被岭表，而禅道实自岭表达于中国”[①]。正是由于惠能生在新州，才使南禅有了下层劳动人民的思想基础。惠能选择驻锡韶州宝林山，是因它既远离尘嚣，又处于南北交通的要冲。如选在广州，背离了南宗禅法山林文化发展的本质；选在新州，又太过偏僻，不利发展。韶州可以说是占有弘扬南禅的优越地理位置。

自唐仪凤间六祖惠能大师现身之后，屡有宗门巨匠驻锡光孝寺，云门偃祖踞坐说法，憨山德清拄杖讲经，天然和尚受请主法，每一次宗门大德之驻锡或主法都使衰微中的光孝道场峰回路转，面目为之一新。寺为选佛之场，僧乃传法之宾，三宝具足，乃称佛寺。故名山古刹与高僧大德互为依托，“僧以寺名，寺因僧显”，古刹名寺必有高僧大德主持其间，摄受四众，领众熏修，方可化导一方，传诸久远。光孝一寺，号称岭南首刹，开山立寺近两千年间，几度衰微，几度困厄，终能刹竿不倒者，实赖内外大德之提持维护，可谓“风幡堂上演三乘，可喜宗风绍惠能”[②]。

不空护摩

唐代“开元三大士”为善无畏、金刚智和不空，从陆海两路始传密宗。其中，金刚智、不空由海路而来，首先在广州登陆，并在广州传教。光孝寺则是海路密教入华之首站。

汉地密宗之实际创立者和密典传译的集大成者不空与广州光孝寺之关系尤为密切。不空（705—774），梵名阿目佉跋折罗（Amoghavajra），北天竺人，幼孤而随叔父“观光东国”。据说，不空“初至南海郡，采访使刘巨邻（麟）恳请灌顶，乃于法性寺相次度人百千万众”[③]。此为不空首次弘法密宗之活动，可见广州是海路密宗入华之初传地。这是光孝寺内第一次结坛灌顶活动，也是岭南的第一次密教传播。此后，密教信仰成为岭南佛门的重要一支。不空15岁师从金刚智，颇受金刚智赏识，常令其共译佛经。唐开元二十年（732），金刚智示寂，不空奉其遗旨，“令往五天并师（狮）子国（今斯里兰卡）”求法。唐天宝元年（742），不空从番禺（广州）泛海出发。

① 曹越主编、孔宏点校：《明清四大高僧文集·憨山老人梦游集》《题门人超逸书〈华严经〉后》，北京：北京图书馆出版社，2004年，第538页。

② 清·尹周：《赠光孝圆公二首》。

③ 宋·赞宁撰：《宋高僧传》卷一《唐京兆大兴善寺不空传》，北京：中华书局，1987年，第7页。

● 唐密祖师不空像

不空以官方身份赴狮子国，至广州后等待冬季风时再乘船西去，他虽为官方使节，但所乘之船亦为商舶，《宋高僧传》卷一载：

（不空）及将登舟，采访使召诫番禺界蕃客大首领伊习宾等曰："今三藏往南天竺师子国，宜约束船主，好将三藏并弟子含光、慧辩等三七人、国信等达彼，无令疏失。"二十九年十二月，附昆仑舶，离南海至诃陵国界，遇大黑风……又遇大鲸出水，喷浪若山，甚于前患。众商甘心委命，空同前作法，令慧诵《娑竭龙王经》，逡巡，众难俱息。[①]

不空于天宝五年（746）返回中国，带回密教经典1200卷，共译出经典111部143卷（《贞元释教录》《宋僧传》谓不空所译"凡一百二十余卷，七十七部"），成为中国佛教四大翻译家之一。不空从天竺回中国的途径未见其详。但天宝八年（749）他返印度时，"乘驿骑五匹，至南海郡"。

不空在法性寺弘法得到了岭南最高长官的支持，出现了上自经略使下至大众的信佛热。不空曾两次在光孝寺登坛传法，将密宗的热潮带入广州甚至岭南。这也意味着光孝寺不仅是中国南宗禅的初地，它在中国密宗传播史上也有着特别重要的地位。光孝寺的大悲心陀罗尼经幢就是密宗在岭南流传的历史见证。

而由毗卢殿，可见光孝寺与印度佛教交流的关系早已展开，同时毗卢殿为密宗的最高崇奉的对象，也可以说是光孝寺与密宗密切关系的体现。

遗芳义净

义净（635—713），俗姓张，名文明，生于齐州[②]（唐时治历城，今山东济南，辖数县，地域更宽）山茌（即长清区）。自幼出家，15岁便有西游之志，"髫龀之时，辞亲落发，遍询名匠，广探群籍，内外闲习，今古博通。年十

① 宋·赞宁撰，范祥雍点校：《宋高僧传》卷一《唐京兆大兴善寺不空传》，北京：中华书局，1987年，第7页。

② 唐·释义净著，王邦维校注：《大唐西域求法高僧传校注》，《义净籍贯考辨》，北京：中华书局，1988年，第268—272页。

有五，便萌其志，欲游西域，仰法显之雅操，慕玄奘之高风”[①]。唐咸亨二年（671），年三十七乃获成行。义净可谓是驻锡光孝寺十分知名的西行求法者了，在西行启程和求法回国时曾三度驻锡广州光孝寺，[②]并邀请广东清远峡山寺僧人贞固、怀业、道宏、法朗[③]等到室利佛逝[④]抄写译经。

义净西行求法，“意在传弘”。义净从海路赴印度取经，于唐咸亨二年（671）自扬州抵达广州，得到龚州（广西平南县）郡守冯孝诠全家上下的大力资助。义净在等待期间曾驻锡制止寺（光孝寺），并得到岭南法俗的帮助和资助。义净于是年十一月启程西行，不到十二日就抵达室利佛逝，停住半年之久，而后继续泛海西行，于咸亨四年（673）二月抵达天竺。《南海寄归内法传》卷四“古德不为”条载：“咸亨二年十一月，附舶广州，举帆南海，缘历诸国，震锡西天。至咸亨四年二月八日，方达耽摩立底国，即东印度之海口也。”[⑤]此为义净西行求法的终点，也是他返程的起点。

义净法师像（图片来源：王亚荣《西行求律法：义净大师传》）

唐永昌元年（689），义净乘商舶离开室利佛逝往广州进发，并于七月二十日抵达广府，抵达广州后仍旧驻锡制止寺，与寺内法俗商量求购纸墨和推荐助手之事。义净除在制止寺募化纸墨等物资外，又邀请学问僧贞固法师作为翻译助手，怀业、道宏、法朗三位年轻僧徒担任抄录工作，是年十一月偕贞固等四人重返室利佛逝。义净后于长寿二年（693）与贞固、道宏两位助手一起乘商舶返抵广州。义净返回广州后仍然驻锡制止寺一年多，于证圣元年（695）五月北上抵达京城洛阳，于长安、洛阳两地翻译经典。先天二年（713）正月，卒于

① 宋·赞宁撰，范祥雍点校：《宋高僧传》卷一《唐京兆大荐福寺义净传》，北京：中华书局，1987年，第1页。

② 义净法师三次抵达广州驻锡光孝寺，第一次是咸亨二年（671）秋间，自扬州初达广州，十一月携门徒善行泛海南航，离开光孝寺，时年37岁；第二次是永昌元年（689）七月二十日，自海外室利佛逝返抵广州，于江口升舶重至光孝寺，时年55岁；证圣元年（695）夏季，复自室利佛逝偕贞固、道弘二人重返广州。见载于罗香林著：《唐代广州光孝寺与中印交通之关系》，香港：中国学社，1960年，第116—119页。

③ 贞固则宿心是契，笔受弥殷。怀业则以颇学梵书，亦供助译。道宏则传灯是望，随译随学。法朗则志托弘益，钞写忘疲。见载于罗香林著：《唐代广州光孝寺与中印交通之关系》，香港：中国学社，1960年，第117页。

④ 7至13世纪印度尼西亚苏门答腊岛古国，即今巨港。

⑤ 唐·释义净著、王邦维校注：《南海寄归内法传》卷四，北京：中华书局，1995年，第239页。

● 西行时间最长的义净法师

长安大荐福寺翻经院，享年七十有九。

义净一行“经二十五年，历三十余国”[①]，得梵本经律论近四百部，并受到武则天和文武百官的出城迎接，欢迎仪式规格之高，甚至超过了在他之前的玄奘，可谓轰动一时。赞宁《宋高僧传》把义净本传列为卷首，并称义净之才智为“释门之象胥”，义净为最卓越的求法者，可谓实至名归。

义净在由广州出发奔赴印度后到返回洛阳之前，曾分别于唐永昌元年（689）和长寿二年（693）两次到过广州。第一次是永昌元年七月，义净曾“见求墨纸，抄写梵经，并雇手直”。当时义净在制止寺停留了约3个月，又回到室利佛逝继续其译经工作。长寿二年十一月，义净再次返抵广州，并在广州停留了一年多，才北上洛阳。义净在广州活动的时间两次合共有一年半至两年，他在翻译经籍之余，向广州寺庙的僧人传授印刷佛像之法，或像玄奘那样，亲自印刷佛像普施大众。虽然这种印刷是雕泥做版，但因是在纸上印刷图像之始，既是我国“唐代刊书之先导”，也可视为广东雕版印刷事业之滥觞。

法性达津、愿光

达津，生卒年不详，字远布，番禺杨氏子，江西人。少出家，住法性寺，雅澹静养，好客善文辞，俊彦名绅相慕来往，人称“远公”。“远公诗思好，名不愧前贤”[②]，著有《蘑蔔楼稿》，未刻。在西关建法性寺，又在广州河南小港（今晓港公园）石桥东创建是岸寺，远公往来于法性、是岸两寺之间，讲经传法，人们称是岸寺为石桥别院、是岸精舍。约在清康熙四十二年至四十四年（1703—1705）间辞世。

愿光（1662—1722），字心月，南海人，达津的弟子。住法性禅院，继为法性寺住持，人称“心公”。“案头尽是经生籍，心地堪为天竺师。不愧远公大弟子，一花五叶忆当时”[③]，时与成鹫、九译并称“三高僧”。辑有《兰湖倡和集》一卷，与周大樽、余锡纯、僧

① 宋·赞宁撰，范祥雍点校：《宋高僧传》卷一《唐京兆大荐福寺义净传》，北京：中华书局，1987年，第1页。

② 毛端士：《己卯六月二十六日同司红遝徐紫凝登蘑蔔楼赋赠远公》。

③ 沈彫：《奉访心公》，《法性倡和诗集》。

真默合辑《唐诗绝句英华》十四卷，著《兰湖稿》。

> 心公为法性寺建堂三楹，命名“兰湖”；又构借甓堂一间，从此薝蔔楼、兰湖、借甓诸室成了文人雅士聚集活动之地。
>
> 公（心公），禅者也。诗通于禅，故不河汉予言，而以禅说诗。公为人孤介绝俗，所居西郊，屡月不轻一出，而干（于）风雅之会，虽风雨亦频往来，诗精锐入冥，天骨自张，姿态呈露，殆山林诗之雄杰也。[1]

无论是远公，抑或心公，均好诗词。在远、心二公的召唤下，以屈大均、陈恭尹、梁佩兰为代表的岭南诗人和南来广东的官员及名人学者前往法性寺参观访问，并在这里唱和诗歌。

《兰湖诗选》十五卷，释愿光撰。愿光先刻《兰湖诗选》八卷，分体合属二百四十二首，梁佩兰评定，有梁康熙三十三年序，集即此时刻于薝蔔楼。薝蔔楼乃顾光斋名，顾光与友结社吟诗庐，前湖则其所营花池。后周大樽（冷泉）续其诗，并为之序，目录及正文皆无卷九，盖未刻。续刻卷十至十五，有“又卷十三”，实为七卷。诗止于清康熙五十六年（1717），后有待印格纸数页，以备添入新作，当于康熙末年自刻于借甓堂。前后二集可合为十五卷，中国国家图书馆藏。

清康熙三十六年（1697），心公请周大樽（冷泉）汇集昔日众人在法性寺唱和之作，编辑成书，名曰《法性禅院倡和诗》，封面题“法性倡和诗集”。

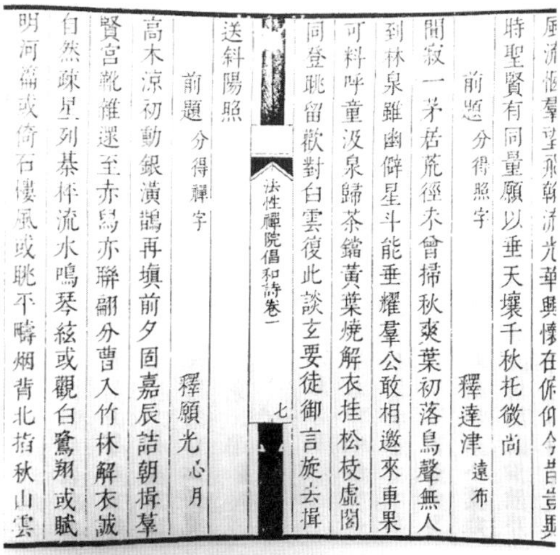
風流恆羣望飛翰流光華興懷在俯仰今昔豈異
時聖賢有同量願以垂天壤千秋托徽尚
前題 分得照字 釋達津 遠布
閒寂一茅居荒徑不曾掃秋爽葉初落鳥聲無人
到林泉雖幽僻星斗能垂耀羣公敢相邀來車果
可料呼童汲泉歸茶鐺黃葉燒解衣挂松枝虛閣
同登眺留歡對白雲復此談玄要徒御言旋去揖
法性禪院倡和詩卷一 七
送斜陽照
前題 分得禪字 釋願光 心月
高木涼初動銀潢鵲再填前夕固嘉辰詰朝揖羣
賢宮靴雜遝至赤舄亦聯翩分曹入竹林解衣誠
自然疎星列棊枰流水鳴琴絃或觀白鷺翔或賦
明河篇或倚石樓風或眺平疇烟背北指秋山雲

其诗集以诗体分类次序，编为正集六卷续集六卷，合共十二卷。“法性禅院倡和诗六卷续集六卷，清周冷泉编，清康熙四十一年（1702）薝蔔楼刻本。”[2]

清康熙四十一年壬午，广州法性寺出版《法性禅院倡和诗》六卷续集一卷，周大樽编。书前有法性寺僧释愿光于康熙四十一年撰《法性倡和诗集序》云：

> （法性寺）自创建迄今，诸名贤相过者必有倡和赠答，积成卷帙。丁丑秋，周子冷泉至，盘桓累

---

① 释愿光：《兰湖诗选》（薝蔔楼藏版）卷首，国家图书馆藏本。

② 王绍曾主编，程远芬编：《史稿艺文志拾遗 索引》（全三册），北京：中华书局，2000年，第2135页。

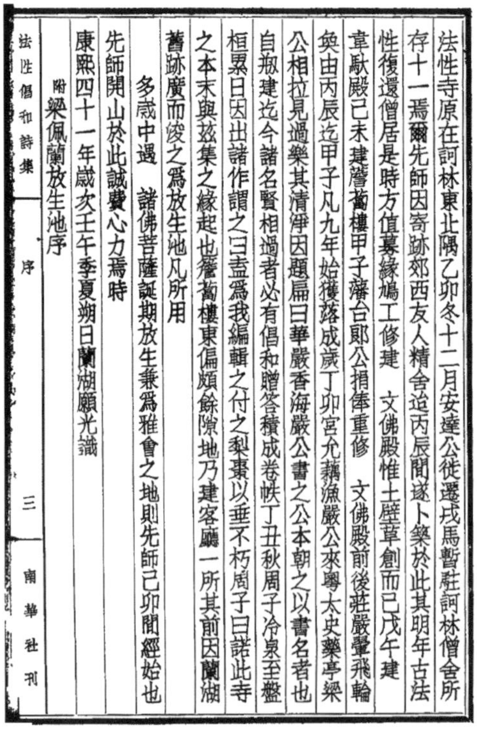
法性寺原在訶林東北隅乙卯冬十二月安達公從還戎馬暫駐訶林僧舍所存十一焉爾先師因寄跡郊西友人精舍迨丙辰間遂卜築於此其明年古法性復還僧居是時方值募緣鳩工修建　文佛殿惟土壁草創而已戊午建韋馱殿己未建薝蔔樓甲子藩台郎公捐俸重修　文佛殿前後莊嚴翬飛輪奐由丙辰迄甲子凡九年始獲落成歲丁卯宮允耤漁嚴公來粵太史藥亭梁公相拉見過樂其清淨因題扁曰華嚴香海嚴公書之公本朝之以書名者也自剏建迄今諸名賢相過者必有倡和贈答積成卷帙丁丑秋周子冷泉至盤桓累日因出諸作謂之曰盍爲我編輯之付之梨棗以垂不朽周子曰諾此寺之本末與茲集之緣起也薝蔔樓東偏頗餘隙地乃建客廳一所其前因蘭湖舊跡廣而浚之爲放生池凡所用
多歲中遇　諸佛菩薩誕期放生兼爲雅會之地則先師己卯間經始也
先師開山於此誠費心力焉時
康熙四十一年歲次壬午季夏朔日蘭湖願光識
附梁佩蘭放生池序

法性倡和詩集　序　三　南華社刊

● 愿光《法性倡和诗集序》

日。因出诸作谓之曰：“盍为我编辑之付之梨枣，以垂不朽。”周子曰：“诺。”此寺之本末与兹集之缘起也。[1]

封面题：薝蔔楼藏板。薝蔔楼，在法性禅院后，旁有放生池。

清康熙二十四年至五十二年（1685—1713），27年来诸位贤达的聚会唱和，让法性寺扬名岭外，“由来法性擅诗名”[2]。

① 愿光：《法性倡和诗集序》，载《南华月刊》1937年第1期。

② 黄廷壁：《赠心公大师》。

说法憨山

明代著名高僧憨山（1546—1623），俗姓蔡，名德清，字澄印（因仰慕唐代华严宗澄观和尚自号“澄印”），别号憨山，全椒（今属安徽）人，父名彦高，母洪氏，生平爱供奉观音大士。德清是明代最有建树、最为著名的佛教信仰者和佛学家之一，与云栖袾宏（1535—1615，俗姓沈，字佛慧，号莲池，浙江杭州仁和人）、紫柏真可（1543—1603，俗姓沈，字达观，晚号紫柏，吴江人）、蕅益智旭（1599—1655，俗姓钟，字振之，又字蕅益，号八不道人，吴县人）并称为“明代四大高僧”。“明代四大高僧”中憨山德清“尤为出色”（吕瀓语）者。紫柏猛士，莲池慈姥，憨山大侠，可谓三高僧之写照。

明万历二十四年（1596），憨山因“私创寺院”罪名流放岭南，先居广州，后再迁新会会城青门，以俗人身份“冠巾说法”[3]。尔后憨山抵达雷州，不到一个月时间，“一入瘴乡，不数日即以《楞枷》

③ 《光孝寺志》卷六《法系志·通炯传》。按：所谓“冠巾说法”即着囚服说法，当时的德清仍然戴罪在身，故不以佛子，而以罪民面目见大众。关于德清说法的经过与影响，清代宋广业《罗浮山志会编》卷五《人物志》“德清”条论说甚详，其文曰：“（憨山）赭衣见大帅，执戟辕门，效大慧冠巾说法，构丈室于行间，与弟子作梦幻佛事：以金鼓为钟磬，以旗帜为幡幢，以刁斗为钵盂，以三军为法居五年，往来曹溪罗浮间，大鉴之道，勃然中兴。”

明憨山德清禅师

作佛事”[①]，开始注释《楞伽经》的工作。万历二十六年（1598）八月，应光孝寺僧通炯、沙门通岸等迎请“住诃林之椒园”，并入光孝寺“请讲《四十二章经》”，中兴禅宗、兼宏净土，一时名声大振。其间，憨山著有《赠诃林裔公》[②]《过法性寺菩提树下礼六祖大师》《法性寺优昙花记并铭》[③]《广州光孝寺重修六祖殿记》[④]《广东光孝寺重兴六祖戒坛碑铭并序》[⑤]。万历四十一年（1613），憨山离开广州。

明天启三年（1623），憨山入灭后，通炯回到诃林，一心兴复，时光孝寺两廊（寺院的回廊）地址，半为势豪所占据。通炯将其赎回加以修复，并复修方丈室。天启六年（1626）春，沙门通岸、通炯、超逸及本寺僧募缘，赎回寺内地址二十四所，修复禅堂、方丈室、毗卢殿、选僧堂等殿宇。是年冬，通炯入曹溪，建憨山塔于象岭（今南华寺）之左。通炯师念笃法乳，数次前往曹溪，在憨山塔院右侧构建“快梦斋”一室，日诵《华严经》，打算以此终老。崇祯八年（1635），通炯回到仁化锦岩寺，构幻竹堂，为众说法。不久，闻光孝寺僧超逸圆寂，乃返光孝寺。崇祯十二年（1639），复捐衣钵资，买东门外郊地横塘岭一区，建普同塔，以瘗十万云水遗蜕。师为憨山大弟子，与通智、超逸埒，而负荷肩承，勇猛精进，同人称翘楚焉。

至今光孝寺的大雄宝殿门上还保留着憨山德清所题的一副楹联：“禅教遍寰中兹为最初福地，祇园开岭表此是第一名山。”大殿门旧联为“唐汉无双寺，古今第一山”。清顺治十一年（1654），释智华《重修戒坛碑记》载：“明万历年间，憨山大师驻锡诃林，举

① 福善日录，通炯编辑：《憨山老人梦游集》卷十五《答管东溟金宪》，《卍续藏》册一二七，台北：新文丰出版公司，1983年版，第416页。

② 曹越主编，孔宏点校：《明清四大高僧文集·憨山老人梦游集》，北京：北京图书馆出版社，2004年，第158页。

③ 曹越主编，孔宏点校：《明清四大高僧文集·憨山老人梦游集》，北京：北京图书馆出版社，2004年，第428—430页。

④ 曹越主编，孔宏点校：《明清四大高僧文集·憨山老人梦游集》，北京：北京图书馆出版社，2004年，第445—446页。

⑤ 曹越主编，孔宏点校：《明清四大高僧文集·憨山老人梦游集》，北京：北京图书馆出版社，2004年，第480—482页。

● 憨山所题大雄宝殿门楹联“禅教遍寰中兹为最初福地，祇园开岭表此是第一名山”

额饰之，额曰‘待圣人来’。先圣而祝后来，意甚殷也。”① 《法性寺菩提树作》有诗云：“道种来西竺，灵根植上方。果成从释梵，花发自梁唐。叶覆慈云密，枝垂法雨香。归依聊敬仰，五热顿清凉。”题跋语：憨山明高僧全椒蔡氏子，年二十日祝发于金陵古长千寺光绪庚子（1900）孟春望日，景含马家桐。由此可见，憨山对于光孝寺的禅宗发展产生巨大的影响，也表明寺僧对憨山德清的敬仰与尊重。

光孝虚云

虚云（1840—1959），名古岩、演彻、性彻，字德清，号虚云、幻游。“佛门三虚”（虚云、倓虚、太虚）之一。俗姓萧。祖籍湖南湘乡，生于福建泉州。清咸丰八年（1858），至福州鼓山涌泉寺礼常开和尚出家，翌年在妙莲和尚座下受具足戒。光绪三十二年（1906）赴京，皇帝赐号“佛慈弘法大师”。1934年，莅粤主持南华寺法席，将六祖道场修葺一新。1940年，募捐重修韶关大鉴寺。1942年，在寺东建无尽

● 虚云和尚画像

---

① 清·顾光、何淙修撰：《光孝寺志》卷十《艺文志》，中山大学中国古文献研究所整理组点校，北京：中华书局，2000年，第130页。

庵，为比丘尼道场。1943年，任广东省佛教会会长。由南华寺移锡云门山。1948年，组织“重兴光孝寺委员会”。1952年，作为首席发起人参与组织中国佛教协会，次年被选举为名誉会长。1953年9月，从广东云门山大觉寺迁锡江西云居山真如寺，重建祖师道场。1959年农历九月十三日在云居山圆寂，世寿120，僧腊101。历坐15道场，重建寺院庵堂80余处。扶律弘教，禅净兼修，传法曹洞，嗣宗临济，中兴云门，扶持法眼，延续沩仰，以一身承嗣五家法脉。著有《曹溪宝林禅堂十方常住清规》《云居仪规》。后人辑为《虚云和尚法汇·续集》及《虚云和尚全集》行世。

虚云大师也曾为兴复光孝寺做过不懈的努力。清末，张之洞提出“庙产兴学”，此后直至民国，佛教的处境都非常困难。在这种大环境下，光孝寺长期被文化教育等部门及军政机关所占用，僧人只得外迁，仅剩寥寥几人住在寺内。虚云对于千年古刹光孝寺濒临毁灭的悲惨命运痛心不已，曾想方设法，奔走呼号，努力不让这座禅宗古寺毁于一旦。民国十九年（1930），九十余岁高龄的虚云大师到香港、南洋等地弘扬佛法，共筹得银元五万元（此款经购买金条一批储存）和金银若干，准备用来赎回并维修光孝寺。此银元五万元乃有林老居士诚心捐款，专供兴复光孝寺之用。

之后虚云与知名佛教居士胡毅生等议及重兴光孝寺事宜，虚云提出密

● 1949年，虚云和尚摄于云门寺天王宝殿前

回鼓山将藏金经香港转到韶关云门寺，再购买银元若干，悉数埋于树下以备维修之用。

1948年春，经当时的南京国民政府行政院社会部审批，决定将光孝寺移交佛教会接管；同年三月，这位年过百岁（时值109岁）的高僧由云门寺出发，从韶关乘火车南下羊城，准备办理交接手续。可是，广东省立艺术专科学校以种种理由推托，拒不腾出院校实行移交。虚云无奈，遂组织“重兴光孝寺委员会”，虚元应众所请担任委员长。邹鲁、胡毅生任副职。该会于三月中旬柬

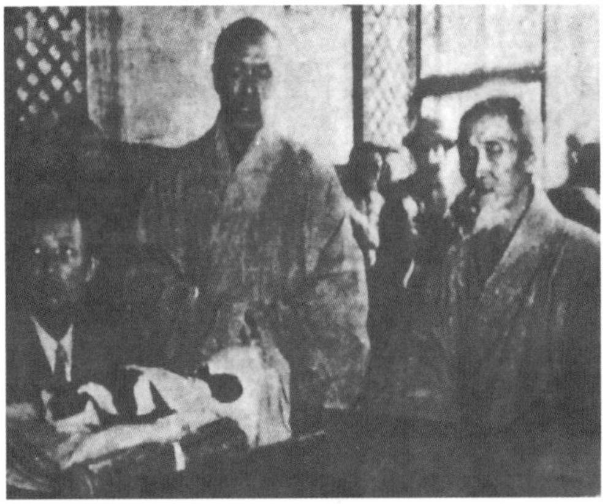

宽鉴与虚云和尚

请全市诸山寺院代表参加会议。会议决议："继续进行交涉，为促当局履行交还光孝寺诺言，以利于保全千年古迹，弘扬佛法，挽救世道人心。"然而，交涉无成效，虚云和尚重兴光孝寺宏愿落空，只好带着满腔热血折回云门寺。

虚云在重建南华寺、云门寺之时，曾遇到资金紧缺的问题，但他自始至终没有动用筹得来的这笔钱财，而是准备日后赎回并修建光孝寺时再取出使用。可惜未及了却心愿，虚云便因成立中国佛教协会的事情，于1950年匆匆北上，直到1958年，这笔钱财由虚云亲自取出并全部交给政府保管。虚云大师乃一代禅门硕德，他慈悲心切，弘法利生，护卫僧伽，堪为禅学之典范。

《虚云和尚年谱》"1958年"条翔实记载了虚云重兴光孝之大愿及筹备经费之曲折，可谓"艰苦备尝"[①]。

虚云与光孝寺的另一因缘是1947年为重兴光孝寺而写的《重兴光孝寺小启》。[②]

虚云和尚肩负着振兴禅宗的重任，在民国时局动荡、民族危亡之际毅然复兴岭南祖庭，造接法脉、五宗并弘。其嗣法门人光孝寺住持本焕乘妙、南华寺唯因今果使祖灯重辉。

受命倓虚

倓虚法师（1875—1963），1917年于河北省高明寺出家，后于宁波观宗寺

倓虚大师

① 净慧主编：《虚云和尚年谱》（增订版），郑州：中州古籍出版社，2012年，第387—388页。

② 《觉群周报》1947年第2期，见载于《民国佛教期刊文献集成》第102卷，第292页。

1952年，倓虚法师在香港弘法精舍

受具足戒，拜天台宗第四十三代传人谛闲法师为师，1925年承天台宗第四十四代法嗣。1931年任西安大兴善寺住持并传戒办学。1932年创建青岛湛山寺并任住持。1949年春，应虚云和尚之邀，赴广州主持复兴光孝寺事宜。嗣后，移锡香港。1950年当选为香港佛教联合会第一任会长。在香港的14年中，先后创办华南佛学院、天台弘法精舍、谛闲大师纪念堂、中华佛教图书馆等。1963年农历六月二十二日在香港弘法精舍圆寂，世寿89岁。主要著作有《金刚经讲义》《天台传佛心印记注释要》《影尘回忆录》等。

二　住持高僧

继席通炯

通炯（1578—？），又名寄庵，字若惺，本字普光，南海西樵人。俗姓陆，父进、母徐氏，皆持素信佛。母梦一僧径入其家，故有娠，生炯于明万历六年（1578）十月初七。7岁随父游白云、蒲涧诸寺，有为僧之念，11岁入光孝寺，师静文艺公，17岁剃发出家，越二载父师相继离世。

明万历二十四年（1596）憨山大师以弘法罹罪南迁，居会城（隶新会）青（东）门，冠巾说法。通炯听憨山说法，受沙弥戒。万历二十六年（1598），通炯迎憨山住光孝寺椒园，主持光孝寺，弘传佛法，并重修殿宇，衰落中的寺院稍见起色。

万历三十年（1602）通炯抵杭州，寓昭庆院。受戒后，乃纵游西湖诸山。万历三十一年（1603）戒坛废为书舍，通炯从云栖回，同超逸、通岸募众赎回，檀越冯昌历、龙章等各舍财重修，设立戒坛，僧众请憨山讲经传戒。通炯与福善录合编《憨山老人梦游记》，收录在《卍续藏经》中。

开法天然

天然函昰（1608—1685），字丽中，别字天然，号丹霞老人，明末清初的岭南禅门高僧。俗姓曾，名起莘，字宅师， 号瞎堂，番禺人，世为番禺望族。清康熙二十四年（1685）八月二十七日[1]，天然和尚圆寂于海云寺方丈室（瞎堂），世寿七十有八，僧腊四十有七。

天然和尚在其四十多年的弘法生涯中，分别担任过华首寺、光孝寺、海云寺、海幢寺、别传寺、芥庵、归宗寺、栖贤寺诸名刹的住持，而其一生开法接众却主要在番禺海云寺和丹霞山别传寺。后来，在天然和尚的影响下，其举家事佛，其“父母、妻妹、子媳，先后俱着絛衣”[2]，“父母姊妹妻子咸为僧尼”[3]，皈依佛门，以眷属为法侣，成就了岭南佛教史上的一段佳话。其子琼邑，释名今摩，字诃衍。他的胞妹今再[4]，创建了至今尚存的无着庵，为清初一代名尼。天然和尚有诗曰：

天然和尚像

古殿巍峨接穹苍，
庭蟠嘉树自梁唐。
朝钟暮鼓风鸣叶，
翥凤飞龙月上廊。
铁干婆娑撑法苑，
霜枝峭劲拄禅堂。
袈裟重复思壬午，
俯仰乾坤垂荫长。[5]

“壬午”是指明崇祯十五年（1642），天然“省亲广州，陈集生子壮率诸人士延请开法诃林”[6]。天然和尚

① 陈伯陶著《胜朝粤东遗民录》言卒年为1676年，檀萃《楚庭稗珠录》称卒年为1686年，皆不准，今从汪宗衍《天然和尚年谱》。

② 清·天然著：《瞎堂诗集》卷首《天然昰和尚塔铭》，李福标、仇江点校，香港梦梅馆，2007年，第11页。

③ 清·阮元修、陈昌齐等纂：《广东通志》卷三百二十八列传六十一，道光版本，第674页。

④ 今再，天然季妹法名，字来机，曹洞宗第三十四代传人，禅律兼修，行解相应。

⑤ 清·天然著：《瞎堂诗集》卷十一《诃林菩提树》，李福标、仇江点校，香港梦梅馆，2007年，第123页。

⑥ 汪宗衍撰：《明末天然和尚年谱》，台北：台湾商务印书馆，1986年，第22页。

天然和尚

从华首寺到广州，受缙绅名流陈子壮等邀请，在著名古刹光孝寺开坛说法。明亡后，避乱于西樵山。

光孝寺演法，缁素礼足，凡数千人。如汪宗衍所云，"古道婆心，随缘接引，文人学士、缙绅遗老云集礼归，得于乱世有所遮蔽"[①]，其教化之深，影响之大，为六祖惠能大师之后，广东佛教史所罕见。

天然和尚曾三度驻锡、两次主法光孝寺，开坛说法，重修殿宇，留下众多语录。

清顺治年间天然禅师住光孝寺，颇修饰，寺宇稍复旧观。由于实行的是"十方住持之制"，其住持并非师徒相传，因此历史上都有过由地方士绅共同举荐寺院住持的记录，如崇祯十五年（1642），应宗伯陈子壮及绅士道俗等延请，天然函昰禅师开法光孝寺，道独和尚为其授以传法偈，有"诃林重竖风幡论，却幸吾宗代有人"[②]之句，言语间对弟子期望极高。

天然首次驻锡期间，主要是开堂说法，匡徒领众，尚未及修缮殿宇，次年刻印《诃林语录》，作《刻〈诃林语录〉居谢诸檀越》诗；至顺治五年（1648）九月，第一次主法期间，便开始筹划重建、修缮相关殿宇。首先选择的是大雄宝殿，于顺治六年（1649）着手重建，历时六载即顺治十一年（1654）竣工。[③]大雄宝殿由原来五开间改为七开间，额曰"祝圣殿"，较之以前更为壮丽开阔，奠定了今日光孝寺大殿的基本规格和结构。事毕，天然和尚法嗣澹归金堡撰有碑记。

顺治六年（1649）十二月，当时天然和尚在雷峰寺，应当道宰官侯性、袁彭年及乡绅王应华、曾道唯等敦请，再次驻锡并住持光孝。第二次主法光孝寺之后，天然和尚除开始大殿的重建、扩建之外，还对风幡堂"修饰殿宇，（由原睡佛阁）迁堂于今址，书扁其上"[④]；重修明崇祯时已经沦废的笔授轩；改建

① 汪宗衍撰：《明末天然和尚年谱》，台北：台湾商务印书馆，1986年，第14页。

② 汪宗衍撰：《明末天然和尚年谱》，台北：台湾商务印书馆，1986年，第31页。

③ 清·顾光、何淙修撰：《光孝寺志》卷二《建置志》，中山大学中国古文献研究所整理组点校，北京：中华书局，2000年，第23页。

④ 清·顾光、何淙修撰：《光孝寺志》卷二《建置志》，中山大学中国古文献研究所整理组点校，北京：中华书局，2000年，第26页。

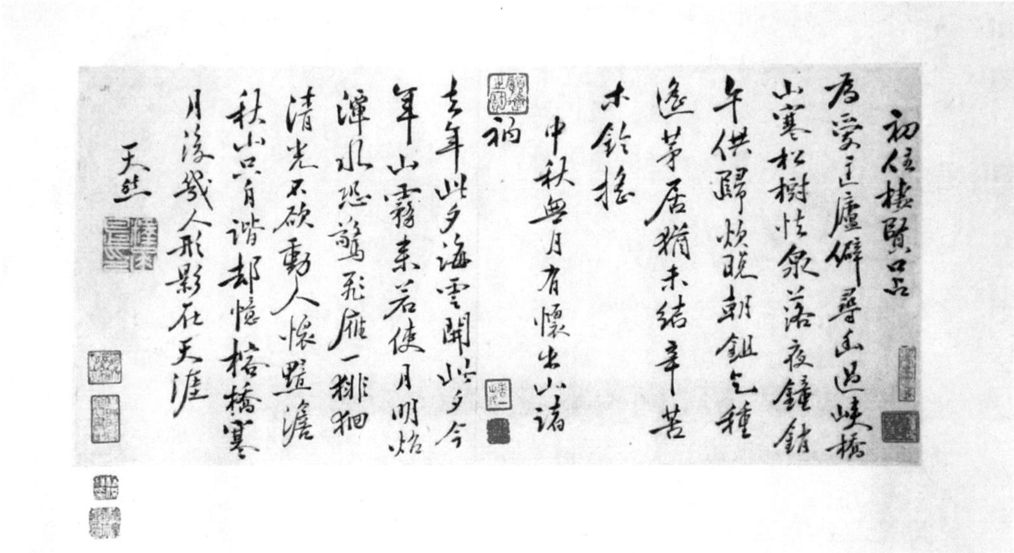

天然书法作品《初住栖贤口占》

位于睡佛阁左边的方丈寮和韦驮殿；这些重建、扩建或修缮工程虽记载为顺治六年（1649），但未必便在这年完工，如大殿之重建，从筹划开始，前后持续了六年。此时光孝寺，四众归仰，外护众多，盛极一时。“身在佛门哀国殇”的天然和尚住持光孝寺，声誉日隆，得到十方善信乐助，重修殿宇“营费逾万金，时越六载”[①]。

据清《光孝寺志》所载澹归禅师碑记，当时对光孝寺的维修“营费逾万金，时越六载”。这是清代光孝寺最大规模的一次殿宇维修，此后不仅未加维修，光孝寺殿宇田产还逐渐遭到蚕食、变卖。

顺治十一年（1654）天然和尚应邀往光孝寺，主持扩建大殿落成典礼。“天然开法诃林……迨十余年”[②]。诃林本是光孝寺的别称，而明末天然函昰至诃林复兴光孝寺，使寺貌大为改观，时人则以诃林指称天然函昰。[③]

晚明广东禅学重振，光孝寺成为广东禅宗著名圣地，许多活动在此开展：万历间德清入光孝寺讲《四十二章经》；天启间沙门通炯等乃于禅堂开讲《唯识论》《圆觉经》《金刚经》《弥陀经》《起信论》，并每岁说戒二坛；崇祯间道独说法于光孝寺，又天然和尚开法诃林，道声远播。近人汪宗衍先生在赞叹天然和尚之摄受力时曾说：

崇祯年间，天然函昰和尚应陈

① 释今释：《重修光孝寺大殿碑记》，见载于清·顾光、何淙修撰：《光孝寺志》卷十《艺文志》，中山大学中国古文献研究所整理组点校，北京：中华书局，2000年，第129页。

② 清·今释澹归《偏行堂集》。

③ 《天然和尚语录》中有“请诃林开堂、诃林示众”等语。

子壮诸人之请，开法诃林，宗风大振。顾天然虽处方外，仍以忠孝廉节垂示及门，迨明社既屋，文人学士，搢绅遗老，多皈依受具，一时礼足凡数千人，创立海云、海幢、别传诸刹，呜呼!何其盛也……稍长读天然诸弟子诗文，知多有托而逃，欲有所为者，其皈心空王非初志也……天然以世外之身，未能参预其间，而平昔所投分者，大都节义之士，声气隐隐相通。①

汪先生此说，一则赞叹天然禅师以“忠孝廉节”大振曹洞宗风之根本，二则以禅师与明末节义之士“声气隐隐相通”为诟病。

天然和尚与士夫僧人结社诃林，谈诗答偈，品画评书。故云：“光孝寺虽也是禅院，却兼修禅、净、律三学。”②

撑持铁禅

铁禅（1865—1946），法名心镜，俗姓刘，名梅秀，广东番禺人。自幼聪慧，能诗文善画。19岁被荐刘永福部下为文书，清光绪十年（1884）至十一年（1885）随军赴越南参加抗法战争。战后被遣散回乡，以卖书画维持生计。光绪二十四年（1898）礼广州六榕寺源善

铁禅和尚（图片来源：《羊城晚报》）

和尚披剃出家。源善圆寂后，铁禅遂任六榕寺住持。光绪二十九年（1903），广州大兴“庙产兴学”，铁禅自愿捐献，使六榕寺得以保全，并约光孝寺住持道济和尚乐助，光孝寺亦遂得以保存主体建筑。道济圆寂后，当家师灿灯法师、仲来法师等礼请铁禅和尚兼任光孝寺住持。

铁禅在六榕寺50多年，曾历清末、国民党统治、日寇占领各个时期，可以说几经沧桑。由于铁禅善于逢迎酬酢，在各个时期均能应付裕如，六榕文物之能完整保存，与铁禅之善于支撑，亦不无关系。反观素称广州五大丛林之光孝寺、海幢寺、华林寺、大佛寺、长寿寺等，当时均呈现一片零落，长寿寺更是片瓦无存，益觉六榕寺文物保存之不易。③

① 汪宗衍撰：《明末天然和尚年谱》，《天然和尚年谱引言》，台北：台湾商务印书馆，1986年，第1页。

② 覃召文著：《岭南禅文化》，广州：广东人民出版社，1996年，第58页。

③ 觉澄：《我所知道的铁禅和尚》，见载于政协广东省委员会办公厅，广东省政协文化和文史资料委员会编：《广东文史资料精编·上·第6卷·清末民国时期人物与台港澳及华侨华人篇》，北京：中国文史出版社，2008年，第82—83页。

1938年4月8日，虚云和尚与本焕法师（右二）等摄于南华寺

复兴本焕

本焕（1907—2012），法名心虔，法号本幻，后改为本焕。俗姓张，名凤珊，学名志山，出生于清光绪三十三年（1907），湖北新洲人。

1986年12月，光孝寺移交佛教界管理，广东省佛教协会礼聘本焕为光孝寺收回后的首任住持，当时本焕已80高龄，他放下已进行了一半的别传寺复兴工程，下丹霞，赴羊城，就任百废待兴之光孝寺住持。

本焕从丹霞山别传寺到广州六榕寺，同广东省宗教局、广东省佛教协会协商，组建光孝寺的领导框架，请定然法师为首座、新成法师为监院、宏满法师为知客、瑞开法师为维那、又果法师为副寺。

1987年1月，本焕从韶关赶往广州光孝寺出任光孝寺恢复后首任住持，并担负起重修光孝寺之重任，当时还有三个单位的七十多户职工住在寺内，只有大殿、六祖殿和伽蓝殿三座建筑较完整。[①] 当年虚云和尚曾有光复此寺之心，终未实现，如今本焕牢记恩师教诲，决心倾尽全力，发大愿行，建寺弘法，发扬光大古道场。本焕长老带领新成、定然、又果、宏满、瑞开等16名僧人[②]入住光孝寺，从此开启这座千年古刹光孝寺的又一新篇章。

---

① 明生：《本公上人与光孝寺祖庭》，载于《广东佛教》2012年第3期，第22页。

② 明生：《本公上人与光孝寺祖庭》，载于《广东佛教》2012年第3期，第21页。

1996年5月24日，本焕和尚任光孝寺住持，升座庆典赠“复兴光孝”之匾额

1988年农历七月九日至十五日，本焕亲任主法，在光孝寺举行祈祷世界和平、超荐水陆空亡灵的水陆法会。是年8月27日，本焕长老领取广东省宗教事务局局长颁发给光孝寺的宗教活动场所登记证，光孝寺正式成为合法登记的佛教场所。

本焕老和尚在丹霞山

1989年12月举行重修光孝寺奠基仪式，本焕长老为光孝寺的修复重建工作倾注了大量的心血和精力。

1991年3月11日，中国佛教协会会长赵朴初到光孝寺视察，本焕长老陪同赵会长参观寺内各处文物古迹，知客明生法师介绍钟鼓楼修建的情况。

1993年上半年完成光孝寺总体规划第一期工程的修建任务，先后新建山门、菩萨殿（当时又称千佛殿、五祖殿，即现在的吉祥殿或卧佛殿）、回廊、钟楼（地藏殿）、鼓楼（伽蓝殿）、观音殿等工程；修复大雄宝殿、天王殿、六祖殿和禅堂等原有建筑及寺内塔幢像设，总投资人民币八百余万元。光孝寺历经十多年的修复、重建，寺庙功能基本恢复。

1996年5月24日，光孝寺举行隆重的全寺佛像开光、本焕和尚升座庆典。1996年10月，本焕长老退居，他驻锡光孝

1989年11月22日，光孝寺重修奠基

寺十余年，收回房产总面积3.1万多平方米；重建、扩建寺庙建筑面积1.5万多平方米。

在重建光孝寺的过程中，八十多岁的本焕带领两序大众，胼手胝足，筚路蓝缕，清理道场，重兴祖庭。他一边重修寺庙，一边领众梵修，订立规约，整顿道风，解行相应，慈悲济世，使一座沦废多年的禅宗祖庭浴火重生，粗具规模，恢复其领袖岭南的首刹地位，可谓光孝寺的中兴祖师。

护教新成

新成（1919—2021），俗名林成，生于1919年，广东揭西人。1941年春，在里湖镇草庵皈依三宝，成为居士。1945年春，在饶平县隆福寺礼又哲为师，披剃出家，法号新成，法名觉就。1946年，赴潮州开元寺参学，亲近时任住持又智和尚，任其侍者。1947年春，遇南华寺戒期，遂与宏生师等27位潮汕师友，一同从汕头乘船至香港，再乘火车至韶关，赴韶关南华寺于虚云和尚座下，求受具足戒。戒期从农历四月初八日始，共计53天。受戒后，在韶关大鉴寺任副寺、监院等职。1948年，赴肇庆鼎湖山参学。1949年10月，被调往广州六榕寺常住。1950年中秋，任六榕寺住持。1951年，由广州市文教局推荐保送到南方大学[①]深造。1956年春，返回六榕寺常住，同年任当家。1959年，与六榕寺僧7人，先后到铸铜厂、五金厂、木器厂当工人。1965年，政府再号召“生产事佛”，六榕寺设立纸类加工厂，任大组长。1966年至1979年受“文化大革命”冲击，僧人生产自给，被调往工厂车间生产劳动。1979年3月，广州市六榕寺作为宗教活动场所开放，6月30日，在工厂办理退休手续，然后返回六榕寺，复僧相，成为六榕寺常住。20世纪80年代，于曹溪南华三次受戒。

1986年参与光孝寺接管和清点工作。1987年1月1日，本焕方丈晋院光孝

---

① 南方大学：华南解放后，为解决干部不足问题，由叶剑英、陈唯实、罗明等筹建，成立于1950年1月1日，叶剑英为第一任校长，后于1952年10月随全国高等院校调整并入华南师范学院（今华南师范大学）。南方大学创办时，共有六个学院：文教学院、行政学院、财经学院、政治研究院、工人与民族学院、华侨学院。

1994年4月10日，本焕法师（右二）、云峰法师（左一）、新成法师（右一）、光明（2排右一）、耀智法师（2排右二）等与韩国崇山禅师所率领『世界一花』访问团参观六榕寺

寺，受聘监院之职，协助兴寺。新成与本焕方丈、首座定然等16名僧人首批入住光孝寺。1996年9月20日，偕宏满法师接待英国亲王迈克尔一行6人。是年10月30日，接任本焕长老，成为光孝寺恢复后的第二任住持。11月21日至12月18日，主持光孝寺三坛大戒。新成任住持期间（1996年10月—2006年5月），收回“古月轩”，并欲在原址新建藏经楼。2000年斥资六千余万，赎回山门前紧靠寺院之民居楼宇三栋，搬迁民房数十户，将其辟为2000多平方米的绿化广场。2002

1996年10月30日，新成法师在广州光孝寺方丈升座仪式上，于山门说偈

1997年11月21日至12月18日，光孝寺举办三坛大戒传授活动。戒子三百余名，来自美国、韩国、越南、缅甸、尼泊尔等国家和中国香港地区，另有尼泊尔的5名比丘尼二部受戒

年先后于禅堂东面兴建僧舍两幢四十余套，使寺内常住住宿条件大为改善。2003年9月19日，新成主持大雄宝殿修复前的洒净仪式，启动大殿的第二轮维修工程。2004年完成大殿维修工程，是年9月接着启动六祖殿和禅堂的修缮工程。在其住持任期之内，先后修复大殿、六祖殿、禅堂，新建僧舍、功德堂、山门前绿化广场、斋堂等殿宇，将光孝寺建设成一座占地3.5万平方米、建筑面积1万多平方米，常住有七十余人，六和安众，殿宇庄严的十方丛林。

今天天王殿前撰有含“新成”之联“羊城古刹新颜胜昔飘禅悦，粤海丛林成就喜今振道风”，另在法师升座时大德曾撰联：“新继祖庭登法座，成就众生振宗风”（深圳弘法寺本焕和尚）、“三德圆融能担如来家业，六度具足堪作光孝住持”（香港荃湾竹林禅寺、沙田古岩净苑意昭住持）、“新主诃林施法雨，成全祖道振宗风”（广州大佛寺耀智住持），几副对联对新成法师中兴光孝寺做了注脚。

演教明生

明生，俗姓林，名宏生。1960年生，广东惠来人，1982年于潮阳圆通寺礼达藏和尚（1930—2001）出家，法名超慧。1986—1990年毕业于中国佛学院。1990年任光孝寺知客、僧值。1994年从潮州开元寺回光孝寺，2006年2月18日任光孝寺住持。

1994年，明生法师从潮州开元寺回光孝寺，协助本焕老和尚和新成老和尚修建殿宇、重塑圣像、建章立制、中兴道场。2006年，明生法师收回部分寺院失地，重建被毁殿宇。2016年，明生法

● 2006年，临济宗第四十六代明生法师在光孝寺升座仪式上登法王座

师拓建山门殿，增建回廊、客堂，拟建方丈院、观音殿、五观堂（檀越堂）、法华堂、慈渡堂、藏经阁（敕经阁）、双桂堂等七座文物建筑殿堂，力图将风幡堂、观音殿、藏经楼、法堂恢复原貌。

明生法师在担任光孝寺住持期间，光孝寺在赈灾救灾、施医赠药、扶助民众、保护环境等方面做了大量工作。广东省政府每年"精准扶贫日"的具体工作，即是基于明生法师主导全省佛教界百寺扶千户的经验而开展的。

明生法师住持光孝寺数年来，正是中国佛教发展的转型时期，随着大规模

● 2012年11月21日，广东佛学院正式挂牌成立，总部设在光孝寺内

● 明生大和尚在广州大佛寺"海上丝绸之路与岭南佛教文化"活动上发言

2015年5月21日，斯里兰卡总统西里塞纳会见明生大和尚，双方互赠佛像和木雕大象等纪念品

寺庙“硬件”建设告一段落，文化建设、寺院管理等“软件”建设被摆上更为重要的议事日程。明生法师顺应时代的发展，加强对外交流，将工作重心转到寺院管理、道风建设和文化学术研究上来：内部建设恢复禅堂、举行传戒法会、举办六祖文化节；设置菩提书画苑、创办真谛视听图书馆、阅览室、义诊医院、举办各种禅文化讲座、资助学术研究系列活动。在明生法师的积极推动下，光孝寺为佛教中国化，为祖国的繁荣发展贡献佛教的智慧力量。

三　檀越名士

舍宅为寺虞翻

虞翻（164—233），字仲翔，会稽余姚（今属浙江）人。少好学，有高气。汉末太守王朗命其为功曹。及至王朗败走，孙权据有江东，亦用虞翻为功曹。后升为骑都尉。虞翻博学多识，工《易》善占，军中大事，屡占屡验，孙权曰：“卿不及伏羲，可与东方朔为比矣。”虞翻数犯颜谏争，孙权不悦，又性不协俗，多见谤毁，坐徙丹杨泾县。

● 骑都尉御史大夫翻公像。虞翻因触怒孙权被贬交州。赞曰：“具豁达之才，存刚愎之志。率先士类，排贤路而入圣域。贻厥孙谋，绳祖武而逾百福。触权贵而不惧，著大易而尤精。千载景仰，直道奕世，钦承仪型。”

虞翻既遭流放南方，云：“生无可与语，死以青蝇为吊客。使天下一人知己者，足以不恨。”虞翻后转谪苍梧孟陵。吴嘉禾二年（233），年七十的虞翻病故，家人被赦返故里（浙江），在岭南十余年，临行前将虞苑舍作佛寺，匾曰“制止”。

清人汪瑔在《光孝寺虞仲翔祠神弦曲序》中指出：“迁谪自仲翔以后，贤人君子后先相望，昌黎潮阳之贬，子瞻儋耳之行，忠定新州之安置，安世梅州之转徙，殊方万里，哲士千秋，莫不婴交广之流离，继功曹而颠踬，是则粤之经术，仲翔有其功，粤之流寓，仲翔为之始。”[①] 张之洞《祭汉虞仲翔唐韩文公宋苏文忠公文》一文，也将虞翻、韩愈、苏轼三位谪臣并列，认为“维三君，立德、功、言，兼三不朽；历汉、唐、宋，为百世师”[②]。此言不虚。

---

① 汪瑔著：《随山馆丛稿》卷一《续修四库全书》第1558册，第8页。按：汪瑔所谓“忠定新州之安置”恐是误记，刘安世谥忠定，新州安置者为蔡确（字持正），当为“持正新州之安置”。

② 张之洞著：《张之洞全集》第12册，武汉：武汉出版社，2008年，第414页。

笔受楞严房融

房融（？—705），唐代佛经翻译家，唐玄宗、唐肃宗时期宰相房琯之父，洛阳（今属河南）人。博识多闻，成进士业。“好浮屠法”，通晓佛经，精梵文梵语。“尝于岭外笔受《楞严经》”，与天竺名僧般剌蜜帝等共译《楞严经》，流传东方各国。

唐神龙元年（705）二月，房融谪贬钦州（今广西钦州），五月抵广州。到广州后，他对仕途心灰意冷，更加深信佛法，一心投身佛门，便与天竺僧般剌蜜帝共译《大佛顶首楞严经》，乌苌国沙门弥迦释迦语，“菩萨戒弟子前正议大夫同中书门下平章事清河房融笔受”[①]，罗浮山南楼寺沙门怀迪证译。

房融因种种因素，未能获赦，卒于高州（今广东茂名）。殁后，僧俗等议将房融抄经所用之砚台存于光孝寺，号“丞相砚”。“宰官南涉虞翻后，梵刹开轩径迹微”[②]。

房融家世信佛，长于撰述，极富文才，所以译经字句铿锵，文辞优美，加之《楞严经》说理充分，层层递进，有抽丝剥茧之趣，读之使人不忍释手，故教界素有“自从一读楞严后，不看人间糟粕书”谚语流传于世。

五代林衢题广州光孝寺有句云：“无客不观丞相砚”。又云：“无奈益州经卷好，千丝丝缕未消痕。”丞相砚，即唐丞相房融译《楞严经》所用之大砚，有融识语。大砚刻云：“大唐神龙改元七月七日，有天竺僧般剌密帝，自广译经回，出示此砚，验之，乃滩哥石也。其坚实可爱，置几案间，为重厚君子，因识于后，以永其传，谏正大夫同中书门下平章房融书。”

光孝寺的洗砚池碑

① 此处文字依“高丽藏”与“赵城金藏”本，宋资福藏、碛砂藏、元普宁藏、明永乐北藏、嘉兴藏、清龙藏本“正谏大夫”作“正议大夫”，误。清·顾光、何淙修撰：《光孝寺志》卷二亦载。李欣《〈楞严经〉笔受房融行状考》文中对“正谏大夫”“笔受”有述考。

② 卢兆龙：《诃林雅集·笔授轩》，载于清·顾光、何淙修撰：《光孝寺志》卷十二《题咏志下》，中山大学中国古文献研究所整理组点校，北京：中华书局，2000年，第156页。

光孝寺的洗砚池

光孝寺内除了拥有房融用过的一方墨砚外还有一洗砚池。相传房融在光孝寺协助译经时建有洗砚池，后被废，尚存一石碑，上镌“洗砚池”三个大字，隶体，旁镌“邝露”[①]二小字，草书。但字迹已漫漶。此“洗砚池”碑今存于寺内，碑高1.11米，宽0.53米，红砂岩石质，为光孝寺《楞严经》翻译活动之历史见证。另，清道光《南海县志·金石略四》有此碑著录。此碑在1954年后曾有一段时间不知所终，直到2008年，学者李仲伟、崔志民为编写《广州寺庵碑铭集》一书，专程到光孝寺寻觅古迹，偶然在寺内西边碑林后院一条窄窄的通道上发现了洗砚池碑，[②]这才使其重现光明。

诃林净社陈子壮

陈子壮（1596—1647），字集生，号秋涛，广东南海沙贝乡人，其父陈熙昌，进士出身。陈子壮出生于广州九曜坊之杲日堂故宅，四岁能文、七岁能诗，明万历四十七年（1619）中进士，时年24岁，授翰林院编修。

① 邝露（1604—1650），一名瑞露，又名公露，字湛若，号海雪，南海（今广东广州）人。因尝居罗浮山明福洞，故又自署其诗为“明福洞邝露纂”。精书法，“文渐皇坟，书溯龙史”（《画像自赞》）。学识渊博，堪称“广东小太”，明末广东的杰出文人，又是反清复明的死节之士。有诗文集《峤雅》。

② 详见《光孝寺志》卷七《文物古迹》。

明天启元年（1621）陈子壮奉敕赴广州祭南海神。返京后，入国史馆。三年后，充浙江乡试考官。当时，魏忠贤欲延为己用，被陈子壮婉拒，魏忠贤大怒："何物陈子壮，竟敢逆我意！"天启四年（1624），自翰林院去浙江主持乡试，策论《历代宦官之祸》，为魏党所忌，遂罢职，定居盐仓街。天启五年（1625）二月，陈子壮于光孝寺成立诃林净社，据《番禺县续志》记载：

诃林净社在光孝寺西廊，明中叶梁有誉、黎民表、欧大任诸人结诗社于此。天启间顺德梁元柱以疏劾魏阉罢归，复与陈子壮、黎遂球、赵焞夫、欧必元、李云龙、梁梦阳、戴柱、梁木公开诃林净社。邝露有诃林净社祠，粤东文献诗，陈子壮有诃林新辟禅社诗。明季诸遗老多披薙受具或礼高僧为居士，当权与于此。[①]

陈子壮塑像

李君明的《明末清初广东文人年表》也有相关记载，天启五年"梁元柱构园于广州粤秀山麓，署名'偶然堂'，与邝露、黎遂球、李云龙、欧必元、梁梦阳、梁继善、赵焊（焞）夫等结诃林净社，推陈子壮为社长，常饮酒高会，赋诗作画。"[②] 崇祯元年（1628）四月，袁崇焕任蓟辽总督，出山海关督师，陈子壮招集诸贤文士于诃林净社为其饯行，赵焞夫作图，子壮题引首"膚功雅奏"。题诗者达十九人，除邝露与陈子壮外，另有光孝寺僧人释通岸、释超逸、释通炯等题诗，诗题对崇焕复出寄予莫大期望。此次聚会选在光孝寺，可谓意义不凡。

崇祯十年（1637）陈子壮在广州白云山辟云淙书院，次年修禊南园诗社。《胜朝粤东遗民录·欧主遇》：

崇祯己卯，主遇与陈子壮、子升兄弟及从兄必元，区怀瑞、怀年兄弟，黎遂球，黎邦瑊（jiān），黄圣年，黄季恒，徐棻，僧通岸等十二人修复南园日社，期不常会，会日有歌妓侑酒。后吴越江楚闽中诸名

① 梁鼎芬等修，丁仁长等纂：《番禺县续志》，台湾学生书局，1968年，第2222—2223页。

② 李君明：《明末清初广东文人年表》，广州：中山大学出版社，2009年，第60页。

陈大夫祠内陈子壮塑像

流亦来入社。[①]

嗣后，陈子壮在禺山书院授徒讲学。崇祯十四年（1641），闻天然和尚随其师道独至罗浮山华首台，遂联合广州士绅延请其主持光孝寺，讲经说法并重修殿宇。

著史光孝罗香林

罗香林（1906—1978），字元一，号乙堂，别署香灵、一之、汉夫。广东梅州兴宁人，毕业于清华大学。父罗师杨（1866—1931），字幼山，曾任广东省议会议员要职，兴民中学创办者，民国兴宁县县长，以诗古文辞及史学教授岭表，学者称希山先生。母邓氏。1978年4月20日，罗香林以肝疾久医不治，在香港逝世，享寿七十三岁。

罗香林是著名的历史学家，也是客家文化研究的开拓者。1926年，考入清华大学史学系。1932年9月，应中山大学校长邹鲁先生之聘，任校长秘书兼“广东通志馆”纂修。1934年任教于中山大学历史系，1936年8月至1938年8月，任广州市立中山图书馆馆长。1945年8月，抗日战争胜利后，广东省文理学院（今华南师范大学前身）从罗定搬回广州光孝寺，学生600多人，1946年，广东省立文理学院于广州光孝寺复课后不久由罗香林接任院长。

罗香林学识渊博，治学严谨，于历史学、民族学、敦煌学、甲骨学、简牍学等领域均有卓越的成就，早年从梁启超、王国维、陈寅恪等诸大师研习，“于中西历史外兼习民族与舆地诸学”，并专治唐史、百越源流与粤东人物[②]。他学识渊博，在客家学、民族史、唐代文化史、中西关系史、佛教史等诸多学术领域均有建树，特别是在客家文化的研究上成就不凡，因此被称为客家文化研究的奠基者。

罗香林在清华大学读书时期受陈寅恪影响，开始关注佛教历史研究，尤

① 陈伯陶著：《胜朝粤东遗民录》，明代传记资料丛刊（第一辑35），北京：北京图书馆出版社，2008年，第350页。

② 罗香林著：《乙堂文存续编》卷二《三十五岁自述》，香港：中国学社，1977年，第77—79页。

其注重对佛教历史遗迹与文物的考证研究，先后写成《禅宗与曹溪南华寺》《旧唐书僧神秀传疏证》《六祖惠能与广州光孝寺关系考》《玄奘法师年代考》等数十篇论文和《唐代桂林之摩崖佛像》《唐代广州光孝寺与中印交通之关系》两部专著，前书填补了中国佛教史和石窟艺术在岭南地区的空白，具有重要的史料和艺术价值，在现代禅史学研究上有着举足轻重的影响。

罗香林一生罄尽心力，致力于学术，著述甚丰，付梓问世著作，据不完全统计达42种，长短论文140多篇。[①] 罗香林于佛教的研究主要有《唐代桂林之摩崖佛像》和《唐代广州光孝寺与中印交通之关系》两部专著和数篇论文，特别是1960年由香港中国学社出版的《唐代广州光孝寺与中印交通之关系》一书广受赞誉。该书共十章，将印度循海道传入之经典、宗派、植物，一一加以说明。并将义净诸僧侣经此赴印等史实，摄论宗的成立、发展经过，以及其与禅宗南派及广州所译《涅槃经论》的关系，都有深入的论证，有许多新的发现。其中对《楞严经》翻译底蕴与诃子树移植关系等问题的研究，尤为深入。其内容涵盖寺院历史、文化、文物、宗派、人物、殿宇等多个方面，特别是重点考察光孝寺在中印文化交流中的作用和地位，匠心独具，有发覆之功，堪称光孝寺历史文化研究的扛鼎之作。饶宗颐在《读罗香林先生新著〈唐代广州光孝寺与中印交通之关系〉兼论交广道佛教之传播问题》一文中指出此书之善有三：一是“交广道在中印文化交流上地位之重要”，二是“以广州光孝寺为叙述中心，尽量利用地方地志乘资料，加以综合推阐”，三是“指出摄论宗、禅宗之兴起，与南方梵刹关系之深切”。这是因为罗先生“曩岁曾长铎广东文理学院，院址即为光孝寺，身履目验”，“发前人所未发”[②]，故有此书，价值甚巨。

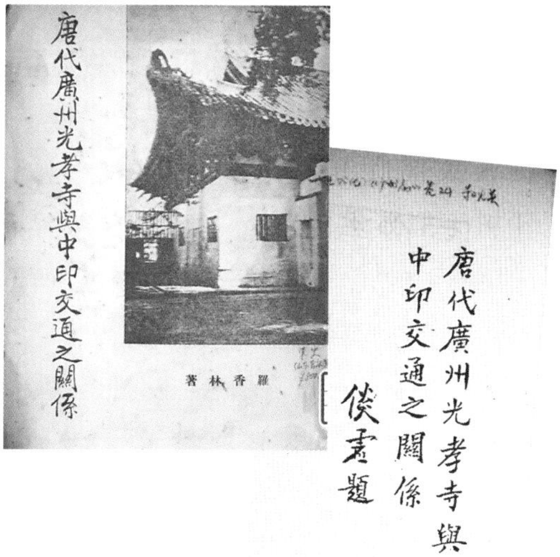

罗香林《唐代广州光孝寺与中印交通之关系》封面

① 罗氏在香港前后29年（1949—1978），粗略估计，出版中、英专著26种，论文126篇，堪称惊人。参阅《罗香林教授纪念论文集》（上册），《罗香林教授著作目录》，台北：新文丰出版社，1992年，第141—156页。

② 饶宗颐：《读罗香林先生新著〈唐代广州光孝寺与中印交通之关系〉兼论交广道佛教之传播问题》，载于《唐宋附五代史研究论集》（大陆杂志史学书第二辑第二册）第177页，原载《大陆杂志》21卷第七期。

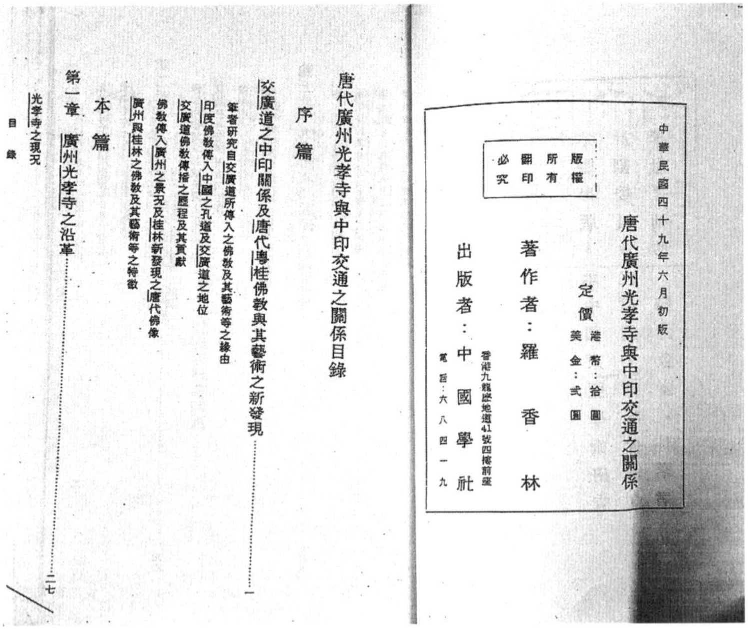
中華民國四十九年六月初版

唐代廣州光孝寺與中印交通之關係

定價 港幣：拾圓 美金：式圓

版權所有 翻印必究

著作者：羅香林

出版者：中國學社 香港九龍彌敦道41號四樓前座 電話：六八四一九

唐代廣州光孝寺與中印交通之關係目錄

序篇

目錄

● 罗香林《唐代广州光孝寺与中印交通之关系》目录与版权页

该书以光孝寺为中心，对中印文化交流中佛经翻译、高僧往来、宗派构成、植物传播等方面皆有相当严谨的考证。书中虽以中印交通之关系为中心，不涉佛教义理，但考证严谨，视野广阔，常被后来的学者所引用。“其中所考《首楞严经》之翻译底蕴、与诃子树移植之关系等，亦深为佛学界南怀瑾、及日本石田干之助（1891—1974，日本汉学家）教授等所推重”①。此书是第一部以光孝寺为中心的佛学专著，是研究光孝寺的奠基之作。

罗香林毕生献身学术，尽瘁教育，弘扬中华文化，享誉中外文史学界，为“梅州八贤”之一。

① 高伟浓：《罗香林对中外关系史和华侨史的研究》，《暨南学报》（哲社版），2003年第5期。

附录

广州光孝寺大事简表

（公元233—2019年）

三国时	东吴骑都尉虞翻（164—233）谪居广州，住原赵建德王府，于园内遍植苛子树，时人称之为“虞园”和“苛林”。虞翻卒，其后人舍宅为寺。
397—401年（东晋隆安年间）	罽宾国三藏法师昙摩耶舍来游震旦，至广州虞翻旧苑，创建大殿五间，名曰王园寺。
435年（南朝宋元嘉十二年）	印度僧求那跋陀罗来寺创建戒坛及毗卢殿，设“制止道场”。
502年（南朝梁天监元年）	梵僧智药三藏至诃林，携菩提树一株植于戒坛前。
526年（南朝梁普通七年）	九月，达摩自天竺泛海至广州，止于诃林。
546年（南朝梁中大同元年）	真谛从扶南泛海至南海郡（今广州）；562年（南朝陈天嘉三年）漂至广州，受刺史欧阳頠之请入住制止寺。翌年，与弟子慧恺、僧宗、法准、法泰等翻译经论，直到569年逝世。23年间，先后译出经论64部，278卷。
645年（唐贞观十九年）	改“制止王园寺”为“乾明法性寺”，简称“法性寺”。
676年（唐仪凤元年）	正月八日，六祖惠能在法性寺“论风幡”；十五日，菩提树下剃发受戒，遂开东山法门。四月八日，住持僧法才首倡募建瘗发塔，并立碑。
676—679年（唐仪凤年间）	住持僧法才、僧印宗建风幡堂（与睡佛阁实同一阁）；清顺治六年（1649），天然禅师迁之于东廓外。
689年（唐永昌元年）	七月二十日，义净从室利佛逝乘商舶抵达广州，驻锡制止寺，与寺内法俗商量购买纸墨和推荐助手之事。寺僧众向义净法师提供纸墨，并推荐贞固、怀业、道宏、法朗四位法师作为其翻译助手，赴室利佛逝翻译佛典。
705年（唐神龙元年）	般剌蜜帝携梵本《楞严经》至广州，驻锡于制止寺译《楞严经》，菩萨戒弟子房融笔受，沙门怀迪证译。是为岭南翻译灌顶部经典之始。
705—707年（唐神龙年间）	寺僧建睡佛阁五间。
720年（唐开元八年）	金刚智由海路来到广州，其弟子不空曾在光孝寺建立密宗坛场。
742年（唐天宝元年）	冬，不空往狮子国求法途中，先至南海郡（今广州）。应南海郡采访使刘巨邻（麟）之请，在法性寺设坛灌顶，相次度人，百千万众。
748年（唐天宝七年）	鉴真第五次东渡日本失败，漂泊至振州，后经雷州、梧州、端州至广州，由广州都督卢奂率众迎入城内，驻锡光孝寺（时称大云寺）讲经说法，登坛传戒。
845年（唐会昌五年）	改“乾明法性寺”为“西云道宫”。

847—860年（唐大中年间）	沩仰宗开山祖师仰山慧寂禅师至广州，广帅迎入光孝寺，说法度众。
859年（唐大中十三年）	复名“乾明法性寺”。是年，慧寂通智禅师曾到法性寺说法。
962年（宋建隆三年）	改“法性寺”为“乾明禅院”。
963年（南汉大宝六年）	五月十七日，时光孝寺改为“乾亨寺”；南汉千佛西铁塔，太监龚澄枢同他的女弟子邓氏三十二娘出资铸造。
967年（南汉大宝十年）	南汉千佛东铁塔，唐朝末年五代时期南汉皇帝刘张捐铸。
967年（宋乾德五年）	夏，法性寺有菩提树一株，高一百四十尺，大十围，萧梁时西域僧智药三藏所手植，为大风所拔。是岁秋，刘张之寝室屡为雷震，识者知其必亡。
968年（宋开宝元年）	南海郡岳牧何公延范请师（僧守荣）住持，额曰“西云宫”。
1008—1016年（宋大中祥符年间）	檀越郭重华在大殿东北建六祖殿五间，匾额“祖堂”。朝廷赐藏经一部，住持守荣奏请建轮藏阁三间，供奉所赐经藏。宋政和三年（1113），轮藏殿三间落成。
1037年（宋景祐四年）	下诏并寺为“祖堂”，此祖堂为六祖殿。
1086—1094年（宋元祐年间）	蒋之奇建“译经台”以纪念唐相国房融于寺内参与翻译《楞严经》之事，至清乾隆年间顾光等修《光孝寺志》时已废。
1094年（宋绍圣元年）	七月，飓风异常，大木尽拔，乾明法性寺内四百年的诃子树已倒。
1103年（宋崇宁二年）	改“乾明禅院”为“崇宁万寿禅寺”。
1111年（宋政和元年）	诏“改乾明寺”为“天宁万寿禅寺”。
1117年（宋政和七年）	诏令改“天宁万寿观”为“神霄玉清万寿宫”。
1119年（宋宣和元年）	诏改寺为“道宫”。
1137年（宋绍兴七年）	诏改“天宁万寿禅寺”作“报恩广孝禅寺”。
1151年（宋绍兴二十一年）	易“广”为“光”，称报恩光孝寺，改“苛林”为“诃林”。“光孝”和“诃林”二名遂沿用至今。
	住持僧广炤重建南朝宋时所建毗卢殿；清顺治初仍称毘卢殿；清乾隆年间，寺僧置正中毗卢佛、左弥勒佛、右大悲菩萨，重新装金。
1165—1173年（宋乾道年间）	住持僧庆珠建方丈三间。清乾隆间丈室为两开间，位于睡佛阁左面。
1184年（宋淳熙十一年）	住持僧建罗汉阁三间，明崇祯年间（1628—1644）废。
1208—1224年（宋嘉定年间）	增城女子吴妙静捐田产3000余亩给光孝寺，永充供养。
1237—1240年（宋嘉熙年间）	住持僧绍喜将东廊外的选僧堂三间改建为禅堂，此为光孝寺禅堂见诸记载之始。

1269年（宋咸淳五年）	冬，光孝寺遭遇回禄之灾，译经台、六祖殿、笔授轩、轮藏阁等不幸毁于火灾。
1282年（元至元十九年）	诏焚道经，合郡文武于光孝寺结坛，焚毁道教书籍，唯留老子《道德经》。
1291年（元至元二十八年）	本山住持僧宗宝编纂的《坛经》问世。
1293年 （元至元三十年）	在元帅吕师夔的支持下，光孝寺进行了大规模重修，佛像、殿堂装饰一新。
1301年（元大德五年）	僧德璀建观音殿为一开间。
1382年（明洪武十五年）	设僧纲司，敕僧正源为光孝寺都纲，颁印，置正副僧官二员，凡有庆贺，先期有司于光孝寺习仪。
1435年（明宣德十年）	光孝寺钦定僧人数为40名。（顾炎武《日知录之余》）
1445年（明正统十年）	朝廷颁赐光孝寺《大藏经》，“共六百有四箧。分十柜。今在睡佛阁。”
1461年（明天顺五年）	住持僧道遂修饰寺内伽蓝像、重修五祖殿，至清乾隆年间（1736—1795）顾光等纂修《光孝寺志》时，该处仍为五祖殿。
1482年（明成化十八年）	敕赐“光孝禅寺”匾额。
1494年（明弘治七年）	住持僧秀峰定俊修建四廊、重修伽蓝殿。
1501年（明弘治十四年）	寺田地分为十分，寺亦分为十房，各自经营田地并管理粮差。
1517年（明正德十二年）	一批葡萄牙人被安排在光孝寺里“习礼仪”。
1522—1566年（明嘉靖年间）	小北门西竺寺寺基改为贡院，移其僧于光孝寺内。
1524年（明嘉靖三年）	廨院寺并归光孝寺。
1598年（明万历二十六年）	沙门通岸等迎请憨山大师入寺，讲《四十二章经》。
	迎请大通寺达岸祖师肉身于光孝寺大殿供养。
1603年（明万历三十一年）	戒坛废为书舍，沙门通炯从云栖回，同沙门超逸、通岸募众赎回，檀越冯昌历、龙章等各舍财重修，设立戒坛，僧众请憨山讲经传戒。
1612年（明万历四十年）	寺僧明宰、达钦等重刊唐法才瘗发碑记，居士区亦轸绘图，僧通岸笔记。
1620年（明泰昌元年）	根据广州府申详，因为寺僧行珮（佩）的请求，光孝寺亦因此无须为官府供应花草。（王安舜《革除供应花草碑记》）
1621—1627年（明天启年间）	光孝一寺自分为十房之后，形成了所谓十房四院。
1626年（明天启六年）	沙门通岸、通炯、超逸及本寺寺僧募缘赎回光孝寺内被侵占地址24所，修复殿宇。

1628年（明崇祯元年）	五月，“东莞岳飞”袁督师崇焕临离广州，粤籍士绅名流在光孝寺为其设宴饯行。《光孝寺志》卷八明朝施田护法檀越26位为本寺捐田，“自如袁公”，即是袁崇焕。
1628—1644年（明崇祯年间）	光孝寺中的殿、堂、阁、院、寺、庵、轩、坛、亭、台、楼、桥、井、池、门、塔、廊、室、幢等建筑物有56项。
1637年（明崇祯十年）	云顶栖壑道丘于光孝寺戒坛受戒，宗符智华礼老和尚圆具，同戒有四无戒己，古昙寂证、了幻成公等。
1640年（明崇祯十三年）	张悰纂修《光孝寺志》，此为文献记载之首次寺志编纂，但已散失无存。寺院的范围已缩小了很多，但仍有“方圆几及三里”的说法。
1642年（明崇祯十五年）	应宗伯陈子壮请道独入住光孝寺时，道独推荐首座天然函昰禅师应命。
1644年（清顺治元年）	平南王尚可喜、靖南王耿继茂率军入粤，将光孝寺北廊截为驻军旗舍。
1646年（明隆武二年，清顺治三年）	光孝寺众僧入庆云寺请栖壑和尚住持光孝，谢辞不受。
1647年（清顺治四年）	六月，南明赵王入广州，被清军囚于光孝寺西禅房内。
1649年（清顺治六年）	应侯性、袁彭年及乡绅王应华、曾道唯等请求，天然禅师复住持诃林。
1650年 （清顺治七年）	平、靖两藩入粤，清军炮轰光孝寺，“雕甍绣宇，悉为瓦砾场”，给寺庙殿宇造成很大破坏。
1651年（清顺治八年）	因前明贡院毁于兵火，当年广东乡试在光孝寺举行。顺治十一年（1654）恢复科举后，不复设考场于光孝寺。
1653年（清顺治十年）	平南王尚可喜又偕靖南王耿继茂及属下官员捐巨资建光孝寺大殿：“平南王尚施银五百两；靖南王耿施银七百两；靖藩太福金施银五百两；平藩孙女施银一百两。”
1654年 （清顺治十一年）	东莞人蔡元正捐资万金，平南王尚可喜、靖南王耿继茂亦捐资重修光孝寺大殿，由原来的五开间扩建为七开间。
1692年（清康熙三十一年）	本山住持无际捐资重建六祖殿，采用绿灰琉璃剪边的样式。
1693年（清康熙三十二年）	朱彝尊与陈恭尹同游光孝寺，并为东铁塔撰写《广州光孝寺铁塔记跋》《续书光孝寺铁塔铭后》二文。
1736—1796年（清乾隆年间）	至善禅师驻锡光孝，传授武艺，名噪一时。
1737年（清乾隆二年）	僧密深捐资重修东塔殿，并于铁塔上加贴金箔。
1740年（清乾隆五年）	本寺常住新建库院（后改库房）。
1751年（清乾隆十六年）	王巨同僧觉机募修戒坛。
1769年 （清乾隆三十四年）	寺内殿宇楼阁等建筑减少到29处。

1797年（清嘉庆二年）	闰六月，广州飓风大作，树木皆拔，光孝寺菩提树亦拔起。中丞（名大文）命树工栽之，培以豆谷腴泥，树复生。年余复枯死，寺僧监院瑞葛亲往南华寺分其种，仍栽故处，此即今天所见之光孝菩提树。
1811年（清嘉庆十六年）	广东布政使曾燠在光孝寺内修建虞翻祠。
1903年（清光绪二十九年）	光孝寺部分房舍殿堂先后被广南中学、八旗小学以借用为名占用。
	“岑春煊和学政于式梅奏请清政府批准，将原来培训官吏的课吏馆改为广东法政学堂，校址设在本市光孝寺内”。
	两广总督岑春煊在广州大搞“庙产兴学”运动，当家师灿灯法师、仲来法师等礼请铁禅和尚兼任光孝寺住持。
1907年（清光绪三十三年）	“广州都统李国杰设广防工艺厂于光孝寺，教八旗子弟”。
1909年（清宣统元年）	日本伊东忠太到光孝寺考察，并拍下瘗发塔照片。
1912年（民国元年）	虞翻祠被强行从寺内划出建广州市第二十七小学，至今未能恢复。
1913年（民国二年）	“广东法官学校”（1929年易名“国立广东法科学院”，最后改为中山大学法学院）建立，1924年移校址于光孝寺内，借用寺内西铁塔一带房屋作为校舍；“警监学校”（后改为“警官学校”）又占用寺内房屋作校舍。广东课吏馆亦曾在寺内办公。
	寺院大门原为明代建筑物，被广东法官学校拆毁，改为洋楼。
1921年（民国十年）	警官学校校长伍岳通过时任光孝寺方丈的铁禅和尚，租用寺内的六祖殿为课室。
1923年（民国十二年）前后	光孝寺变成聚赌处，有赌徒设大小杂财二三十台之外，每日下午2时至晚上12点，男女赌徒如蚁附膻。
1924年（民国十三年）	广东法官学校占用光孝寺殿堂办学，其前身为1909年广东公立警监学校。
1926年（民国十五年）	3月，光孝寺所藏明版佛经600余箱移交广东省立图书馆（即广东省立中山图书馆）。
	广东民政厅厅长古应芬，在光孝寺开办广东高等警官学校。
1928年（民国十七年）	12月22日，日本常盘大定首次到访光孝寺考察。
	12月29日，常盘在结束韶关考察之后，再次折回光孝寺，进行第二次考察。拍得25幅照片以及制作光孝寺平面测绘图。
1929年（民国十八年）	光孝寺住持僧铭参，有僧众14人。
1935年（民国二十四年）	广东法官学校校长粟庵从光孝寺寺库中获得清《光孝寺志》抄本，后由中华书局排印出版，是为第一部用现代印刷技术出版的《光孝寺志》。
1937年（民国二十六年）	9月22日，光孝寺曾遭日机轰炸。

1938年（民国二十七年） 10月，广州沦陷前，广州警备司令部设光孝寺内。

广州为日军占领，在光孝寺内成立“和平救国军总司令部”。寺院又相继被日伪“鸣崧[①]纪念学校”和伪广东大学附中（学）所占用。[②]

1945年（民国三十四年） 国民党中央训练团曾短期占据寺内办训练班，广东省立文理学院借光孝寺为临时院舍。

11月，广东省立文理学院从罗定县复课于广州光孝寺，在兴宁县的东江分教处也于年底结束，次年2月回到光孝寺合并复课。

1946年（民国三十五年） 6月，饶宗颐《殷困民国考》发表，刊《文理学院》第一卷第一期，是年完稿于广州光孝寺。

8月14日，广州市政府奉广东省政府令，布告周知：“光孝寺为本市名胜，自应妥为保护。嗣后无论机关、学校、军民人等，一律不得占住借用，以保名胜。”（“广州市政府布告”·府新字第0079号）然而，广东省文理学院迁出后，广东省政府竟出尔反尔，又将原址交由广东省训练团暂行使用。

广东省政府又下令广东省立艺术专科学校（今华南人民文学艺术学校）迁入寺内，占据寺庙内各殿堂房屋。传闻该校负责人曾破坏寺内三尊大佛、六侍者、十八罗汉、四大天王、禅宗初祖及六祖像等六十多尊塑像。

1947年（民国三十六年） 1月，薛岳接任广东省主席兼省保安司令，把全省保安队整编为5个保安师，下辖26个保安团，其中保安第二十二团驻光孝寺。

8月，广东省立艺术专科学校迁至光孝寺复课。

1948年（民国三十七年） 3月5日，广东省立艺术专科学校校长丁衍镛毁法抗令顽占光孝寺，大醒法师撰《粤省府应令饬省立艺专迅速迁出光孝寺》[③]一文揭露其行为。

1949年 年底，新成立的华南人民文学艺术学院将校址设于光孝寺内。

1950年 春，学院扩充学生宿舍，将大雄宝殿内千年以上的三宝佛像折毁，商承祚认为“这大批的唐代木雕像，在国内还是第一次发现”[④]。

1951年 年初，光孝寺举办“第四野战军战绩展览会”，轰动全市。

1952年 广州市调查市内各佛教寺庵情况时，光孝寺有2僧居住寺内睡佛阁。华南歌舞团成立，亦进驻光孝寺。

1953年 相关部门联合组成“光孝寺修建委员会”，大雄宝殿得到全面维修。

---

① “鸣崧”的命名是为了纪念所谓“和平运动”而“献身”的“烈士”曾仲鸣、沈崧，该校是汪精卫授意建立的。

② 《觉澄法师搜集整理资料，1950年9月26日》，载《广州宗教志资料汇编》，第98—99页。又参见《越秀史稿》（第六册），第225页。

③ 《海潮音》卷二十九第四期，第98—99页。

④ 商承祚编：《广州光孝寺古代木雕像图录》，上海：上海出版公司，1955年，第4页。

1954年 修葺瘗发塔。

1961年 光孝寺由广东省文化局管理。3月4日，国务院公布一批国家级文物保护单位，光孝寺为广东省唯一入选的文物保护单位（省文件档案）。

1966—1978年 包括光孝寺在内的广州各佛教寺庵均被关闭、占用，宗教活动全部停止。当时光孝寺内的旗语、佛像、部分建筑实体悉遭破坏，佛经、经板和图书资料被烧毁，僧尼被迫离开寺庙。

1973年起 在国家文物局的过问下，文化部门对光孝寺的主要建筑进行了第二次维修。

1975年 1月10日，广东省文化局向省委提交书面报告，要求广东电影机械厂、珠江电影制片厂、广东省印刷器材公司、广州越秀区东风装钉工场迅速从光孝寺内迁出，以便对寺内文物建筑进行维修。

1977年 广东省政府拨款60多万元，重修大雄宝殿、六祖堂，修葺瘗发塔。

1979年 国务院拨款60万元维修光孝寺，山门已悬挂时任佛教协会副会长赵朴初所书“光孝寺”匾额，但寺院仍被当作文物，没有交给佛教界管理。

1983年 光孝寺被国务院确定为全国（汉族地区）重点佛教寺院。

1986年 2月5日至3月15日，中国佛教协会会长赵朴初赴广东调研，同时对广东全省的佛教重点寺庙进行了视察。

3月5日，国务院批准将光孝寺移交宗教部门管理，由佛教团体作为宗教活动场所开放。寺归还佛教团体管理，当时接收光孝寺的僧团有14人。

7月18日，成立“光孝寺重修筹建委员会”，本焕和尚任主任，新成法师任副主任。

12月27日，以本焕长老为首的16僧进驻光孝寺，开启本寺的接收和重建工作。

1987年 1月1日，光孝寺正式恢复为佛教寺院对外开放，并确定广东省佛教协会会址。

7月1日，本焕以光孝寺收复首任住持的身份向海内外十方信众发出《重修光孝寺缘起》。

11月5日，新加坡宏船法师一行11人抵穗，次日至光孝寺参观。

1988年 5月，广东省佛教协会在光孝寺内创办《广东佛教》（双月刊）期刊。

8月27日，广东省宗教局为光孝寺颁发宗教活动场所登记证。

农历七月九日至十五日，光孝寺举行水陆法会，是广州1949年以来首次大型法会，盛况空前。

1989年 12月19日，光孝寺举行隆重的寺院重修奠基典礼，建筑面积扩大到15000平方米（扩大之前为9700平方米）。

1990年 在钟鼓楼遗基上重建钟鼓楼。

1992年 重建伽蓝殿（后来改为泰佛殿，在鼓楼下层另设伽蓝殿）及回廊。

1993年 山门、长廊、钟鼓楼等仿古建筑竣工。

1995年 11月21日，韩国崇山禅师至光孝寺，云峰会长、本焕住持陪同。

1996年 10月30日，光孝寺隆重举行新成法师升座仪式。

1997年 9月5日，光孝寺出资400万元征回禅堂后面为广东省博物馆占用的“古月轩”，作为藏经楼建设用地。

11月21日至12月18日，光孝寺举办三坛大戒，戒子300余名，来自美国、韩国、越南、缅甸、尼泊尔等国家和中国香港地区，另有尼泊尔5名比丘尼二部受戒。

1999年—2004年 对大殿、六祖殿、天王殿、伽蓝殿等文物建筑进行修缮。

2001年 6月17日，世界佛教联谊会主席潘·瓦纳密提博士率领的世界佛教联谊会代表团一行9人对光孝寺进行访问。

10月，光孝寺斥资6000万元，拆迁寺山门前三座楼房，辟为2000多平方米绿化广场。

2002年 禅堂东侧修建僧舍两幢，各3层共40多套，投资100万元。

10月3日至16日，中国台湾法鼓山圣严法师率“大陆佛教古迹巡礼团”一行500人参观访问光孝寺。本焕法师、明生法师接待。

2003年 9月19日，启动大雄宝殿修复工程，至2004年4月竣工。

2004年 9月16日至17日，广东佛教协会举行第六届代表会议，选举明生为会长，礼请新成为名誉会长。

2007年 5月17日，越南政府宗教委员会副主任阮青春为团长的11人代表团至光孝寺参观访问。

2011年 5月16日，广东佛学院筹备会议在光孝寺举行。会上通过同意成立广东佛学院，总部设在广东省佛教协会，原有四所佛学院成为广东佛学院分院。

2012年 3月21日，泰国前总理川·立派一行前来光孝寺参观访问。

3月23日，韩国佛教曹溪宗迎请安奉中国六祖惠能等身铜像筹备工作备忘录签署仪式在光孝寺举行。

4月2日，光孝寺原住持本焕长老于深圳弘法寺舍报示寂，本寺在六祖殿设追思堂。

10月，光孝寺作为“海上丝绸之路广州史迹”的重要组成部分，被国家文物局列入《中国世界文化遗产预备名单》。

2013年　3月28日，广东省佛教协会慈善基金会正式成立，会址设在光孝寺。

2014年　3月31日，广州海上丝绸之路申遗工作小组召开第一次全体会议暨工作动员会，计划在2015年与南京等9座城市共同将海上丝绸之路史迹申遗。

广州市人民政府正式公布《光孝寺保护规划（2013—2030）》，并以此作为实施光孝寺文物保护工作的法律依据。

2015年　6月7日，韩国曹溪宗僧伽会景宝法师、慧月法师、大明法师一行至光孝寺参观访问。

7月7日至8日，日本阿含宗代表团松本辉臣一行到访光孝寺。

2016年　1月12日，斯里兰卡总统夫人与中国驻斯大使夫人一行到光孝寺参访。16日，斯里兰卡罗曼那派僧王，阿摩罗派僧王达吾尔德纳·若尼琶勒，斯里兰卡西方省大导师、科伦坡赞颂寺住持纳格达·阿摩拉万萨长老，斯里兰卡佛教电视台主席、科伦坡菩提寺住持善法长老20余人到访光孝寺。

2月6日，山门、客堂、门前绿化广场次第竣工。

4月20日，国家文物局海上丝绸之路史迹保护和申遗专家组一行20余人前来光孝寺进行考察调研。

11月2日，由老挝佛教联谊会副主席博玛冯长老（Most Ven·Bounma Simmaphom）、老挝国家建设前线部副部长禅塔旺先生（Mr. Chanthavogn Seneamatmontry）率领的老挝佛教代表团一行到广东省佛教协会和光孝寺参访。

2017年　12月24日，国家宗教事务局王作安局长一行调研广东，实地考察调研广东佛教界的各项工作。调研组一行走访光孝寺，听取光孝寺在规范化管理、弘法工作、慈善活动、对外交流等情况汇报，并对各项工作给予了肯定并提出建议。

2018年—2019年　对东西铁塔、天王殿、风幡堂等文物、建筑进行修缮。

* 此表资料主要来源：（1）清·顾光、何淙修撰《光孝寺志》，中山大学中国古文献研究所整理组点校，北京：中华书局，2000年。（2）广东省佛教协会《广东佛教》（1988—2019）。（3）《光孝寺志》（电子版初稿，2017年4月5日）。（4）韩维龙、易西兵主编：《海上丝绸之路广州史迹》，广州：广州出版社，2017年。

广州光孝寺历代住持简表

朝代	住持（法号）	进院（在任）时间	简历及建树	引书（备考）
唐	法才	仪凤元年（676）	建瘗发塔。塔身八面，七层，中实无空，高二丈许。今寺内所见此塔乃明崇祯九年（1636）给谏卢兆龙捐资修饰，形制尚沿唐制。	《光孝寺志》卷二《建置志》、卷十《释通岸〈重修唐法才瘗发碑记〉》
	钦造	宝历二年（826）	福建闽川人，法性寺住持兼白云山蒲涧寺住持。宝历二年（826），督造经幢并书写《千手千眼观世音菩萨广大圆满无碍大悲心陀罗尼神妙章句》。	《光孝寺志》卷三《古迹志》，道光《南海县志·金石略一》
宋	守荣	开宝四年（971）二月后任	普州安岳人，薙发于本州延寿，受具于乾明禅院（今光孝寺），参请于朗州大龙济大师。宋开宝元年（968），南海岳牧何延范请师住持，旧额“西云宫”。寻诣京师，上言丹陛，遂赐“乾明禅院”之额。大中祥符年间（1008—1016）赐经藏，何延范同师奏请建轮藏阁，供奉所赐经藏。	《光孝寺志》卷二《建置志》、卷十《彭惟节〈乾明禅院大藏经碑〉》。开宝初应为开宝四年后，因开宝四年（971）二月南汉才降宋
	宗恺	政和三年（1113）	募郡人林修，建轮藏阁，僧宗顺督理。	《光孝寺志》卷二《建置志》、卷六《法系志·历代住持》
	宗顺	政和七年（1117）	督理修建轮藏阁。重修大雄宝殿；重修戒坛，更辟而广之。	同上
	慈轼	绍兴二十一年（1151）	法名广炤，字慈轼。重建毗卢殿。建内鉴阁。绍兴十年（1140）、绍兴十四年（1144）两次捐田。	《光孝寺志》卷二《建置志》、卷六《法系志·历代住持》、卷八《檀越志》
	智显	隆兴年间（1163—1164）	建弥勒阁。	《光孝寺志》卷二《建置志》、卷六《法系志·历代住持》
	庆珠	乾道年间（1165—1173）	重建库院、方丈院。	同上
	子超	淳熙九年（1182）	字默堂。建大门、仪门、浴院。淳熙十六年（1189）与僧祖严捐田。憨山大师谓：“谛观六祖入灭以来，今千年矣。其道遍天下，在在丛林，开化一方不少。求其为祖庭而经理家法者，独宋子超一人而已。”	《光孝寺志》卷二《建置志》、卷六《法系志·历代住持》、卷八《檀越志》。《请超公住持南华寺疏》载：“今敦请广州报恩光孝禅寺住持超公禅师住持南华禅寺”，广州报恩光孝禅寺即今广州光孝寺，超公禅师即子超禅师

（续表）

朝代	住持（法号）	进院（在任）时间	简历及建树	引书（备考）
宋	祖荣	淳熙十一年（1184）	建罗汉阁，重建风幡堂，修复大雄宝殿。淳熙、开禧年间两次捐田。	同上
	了恺	不详	法号南堂，字了恺。先主光孝寺法席，后至曹溪南华任住持。志贤为其徒光孝寺僧。开禧三年（1207），曹溪南华寺敕差住持第三十代。	《曹溪通志》卷六《祖庭椽栋》
	了闻	嘉定十年（1217）	建西塔殿（一说是五代建）用以覆盖西铁塔。嘉定十年、宝庆年间两次捐田。	同上
	绍喜	端平年间（1234—1236）	从开元寺移铁塔安于此，建东塔殿覆之。以金装佛像。建选僧堂。	《光孝寺志》卷二《建置志》、卷六《法系志·历代住持》
	一麟	宝祐年间（1253—1258）	法名一麟，字无损。募化重修大殿并庄严佛像，端平三年捐田。宝祐二年（1254）建延寿库。重修西方殿，易匾曰"极乐"。得法于明州雪峰寺大梦德因，为四明天童寺痴钝智颖再传弟子。	《光孝寺志》卷二《建置志》、卷六《法系志·历代住持》、卷八《檀越志》、卷十《艺文·吴文震〈重修佛殿记〉》均称"淳祐甲寅修"，而纪年表只有壬寅、甲辰而无甲寅。
	空山	淳祐年间（1241—1252）咸淳五年（1269）元至元三十年（1293）再任	字空山，又称祖中禅师。得法于明州雪峰寺大梦德因，为四明天童寺痴钝智颖再传弟子。建钟楼、鼓楼。修饰西方殿，重整佛像，彩画两壁，写西方景。募缘重建六祖殿、译经台、笔授轩、轮藏阁，重修选僧堂。元至元三十年，住持僧空山募元帅吕师夔建钟楼、鼓楼、兜率阁。	《光孝寺志》卷二《建置志·西方殿》、卷六《法系志·历代住持》、卷十《陈宗礼〈重修法宝轮藏记〉》。《光孝寺志》卷一《旧志殿宇》、卷六《法系志·历代住持》谓理宗朝住持，列于一麟之后。
元	山翁宗宝	至元二十八年（1291）大德五年（1301）再任	南海人。先主南华寺、后主光孝寺法席。至元三十一年（1294）任风幡报恩光孝禅寺住持，嗣法空山祖中，大梦德因再传门人，杨岐方会裔孙。大德五年（1301）与丞相悉哩哈唎（喇）合郡宰官同建悉达太子殿，塑太子像及两壁彩画像。校勘与增修《坛经》（入明，汉地佛教《坛经》多通行此宗宝本）。撰《达摩像赞》《六祖像赞》。	杨曾文《关于元代宗宝是光孝寺住持的考察》，《光孝寺志》卷二《建置志》、卷六《法系志·历代住持》，《曹溪通志》卷五《释宗宝〈跋六祖大师法宝坛经〉》
	无禅	大德八年（1304）	复修大雄宝殿，重修方丈院。	《光孝寺志》卷二《建置志》、卷六《法系志·历代住持》

（续表）

朝代	住持（法号）	进院（在任）时间	简历及建树	引书（备考）
元	慈信	泰定元年（1324）	募修东铁塔、西铁塔；修建大悲幢。[邑志作唐宝历二年（826）间建，一说元代建]将宗宝禅师撰写之《达摩像赞》与《六祖像赞》刻为二通像赞碑。	《光孝寺志》卷三《古迹志》、卷六《法系志·历代住持》，杨曾文《关于元代宗宝是光孝寺住持的考察》
	继隆	至正六年（1346）	与僧智昌建宝宫后殿（清代称玄武殿）、翠微亭。	《光孝寺志》卷二《建置志》、卷六《法系志·历代住持》
	志立	至正九年（1349）	复建毗卢殿。	《光孝寺志》卷六《法系志·历代住持》谓顺宗朝，顺宗应为顺帝或惠宗，任期在住持僧继隆后；卷二《建置志》谓至元九年复建毗卢殿，而顺帝仅有至元六年或至正九年。至元九年，疑为“至正九年”之误
明	僧悦	洪武九年（1376）	重修装饰罗汉阁。	《光孝寺志》卷二《建置志》、卷六《法系志·历代住持》
	昙谡	洪武十年（1377）	嗣祖元叟。敕赐弘教大彻禅师。南海人，洪武三年（1370）居光孝寺，号“六指僧”。洪武十年（1377）应诏赴京考验札付为光孝寺住持。洪武十八年（1385）修复戒坛。洪武二十六年（1393）八月十五日作偈应化，世寿八十三。著有《昙谡传》。	《光孝寺志·卷六·法系志·〈昙谡传〉》《卷四·法宝志·铜佛太子》为“粤翁谡”
	元楚	永乐十三年（1415）	建孔雀殿。	《光孝寺志·卷二·建置志》《卷六·法系志·历代住持》
	庆新	永乐十四年（1416）	都纲庆嵩、副都纲契寅、住持庆新募修大殿，彩饰佛相。	同上
	广源明达	正统八年（1443）	正统八年广源捐2000担谷，入官赈济，特敕旌奖谕；正统十二年（1447），奉敕旌表，建议僧牌坊于诃林门外。正统十四年（1449），重修东铁塔。	《光孝寺志·卷二·建置志》《卷三·古迹志》《卷六·法系志·历代住持》为“广演”，误。《卷十·〈正统八年旌奖本寺僧广源敕书一道〉》
	道遂	天顺五年（1461）	修饰伽蓝像，重修五祖殿。建拜亭。庄严金刚像。	《光孝寺志·卷二·建置志》《卷六·法系志·历代住持》
	文德	天顺五年（1461）后始任		《光孝寺志·卷六·法系志·历代住持》列于道遂后

（续表）

朝代	住持（法号）	进院（在任）时间	简历及建树	引书（备考）
明	戒玟	成化六年（1470）	重修檀越堂（旧志称“檀度堂”，误）。	《光孝寺志》卷二《建置志》、卷六《法系志·历代住持》
	性源 德存	成化七年（1471）	建六祖殿外拜亭。	《光孝寺志》卷二《建置志》
	定俊	成化十八年（1482）	番禺邓氏子，号秀峰，清修密行，尝授北京僧录司。成化十八年（1482）诣阙奏请，敕赐“光孝禅寺”，札付本寺住持。弘治七年（1494），鸠工重修殿宇，建伽蓝、五祖二堂，鼎建四廊。重修悉达太子殿、大雄宝殿四围榱题等，正德七年（1512）示寂，世寿七十一，法腊四十五。有《定俊传》。	《光孝寺志》卷二《建置志》、卷六《法系志·〈定俊传〉》、卷十《艺文志·〈成化十八年礼部奏给本寺住持僧定俊札付一道〉》
	道隆	嘉靖十九年（1540）	呈详巡按李某行督：光孝十房管田众僧随田捐资重修寺宇，砌仪门阶石。募缘装佛相毫光贴金护法诸天神相。	《光孝寺志》卷二《建置志》、卷四《法宝志·铜佛太子》
	圆赒	嘉靖二十四年（1545）	募修大雄宝殿，彩饰佛相。“禅师圆赒以挂锡光孝，令其徒通轼万里京师遘求补墜（缀）。”（赵崇信《重修光孝寺大藏经序》）因正统十年（1445）敕赐之藏经已残缺，至是遣其徒通轼万里京师购补。	《光孝寺志》卷二《建置志》、卷六《法系志·历代住持》为“圆琱”，卷十《艺文志·重修大藏经序》为圆赒、同卷《重修佛殿题名碑记》为“西菩圆赒”
	宗源 大江	嘉靖二十六年（1547）	重修拜亭及栏杆阶石。	《光孝寺志》卷二《建置志》为“性源大江”，卷六《法系志·历代住持》、卷十《艺文志·鱼朝阳〈重修六祖殿拜亭碑〉》
	定晓 德隐	嘉靖年间（1522—1566）		《重修光孝寺大藏经序》，碑今存东铁塔内墙壁上，碑文据碑石抄录。道光《南海县志》卷二十九、《金石略》三、乾隆《光孝寺志》卷十有此碑著录
	应坚	万历元年（1573）	建（南华寺）卓锡泉亭。	《曹溪通志》卷一《建置规模第二·卓锡泉亭》
	净隐	万历九年（1581）前	万历年间，梁有誉、黎民表、欧大任等粤中名士结诃林净社于光孝寺西廊。	《光孝寺志》卷十二《题咏志下·黎民表〈初冬过诃林净隐方丈〉》

（续表）

朝代	住持（法号）	进院（在任）时间	简历及建树	引书（备考）
明	圆洸	万历十年（1582）	募缘修罗汉阁，庄严圣像及修正龛座、塑地藏十王像于大殿佛背后。	《光孝寺志》卷二《建置志》、卷六《法系志·历代住持》、卷十《艺文志·黎邦琰〈重修地藏十王像记〉》
	广翰	万历二十五年（1597）	建敕经楼。	《光孝寺志》卷十《艺文志·张廷臣〈敕经楼碑〉》
	通煦	万历二十年（1592）	重修睡佛阁、风幡堂。因此堂长期被他人占据作为书馆，且已倾颓，与僧超琪捐赀赎回，加以重修。	《光孝寺志》卷二《建置志》、卷六《法系志·历代住持》、卷十《艺文志·释通煦〈重修风旛堂题名碑〉》为通照
	行珮	天启二年（1622）	泰昌元年（1620）呈官给示给帖，革除寺僧供应花草，永为定例；崇祯二年（1629）与其师通维募缘修六祖殿并拜亭，遂砌高菩提树脚围石及天阶栏杆；于同年，捐资并募缘重修菩提戒坛。	《光孝寺志》卷二《建置志》、卷三《古迹志》、卷十《艺文志·释通岸〈重修菩提坛题名记〉》、卷十《艺文志·王安舜〈光孝禅寺革除供应花草（卉）碑记〉》及释德清《憨山大师梦游全集卷第二十四·广州光孝寺重修六祖殿记》为行佩
	通炯	天启六年（1626）	字若惺、普光，又名寄莽。南海西樵陆氏子，父母皆持素。憨山嗣法门人。万历二十六年（1598），寺僧通炯等迎请受贬来粤的憨山德清驻锡光孝寺讲法，并重修殿宇。天启三年（1623），寺两回廊为势豪占据，募缘将其赎回加以修复。是年十二月初八日，开戒于法性寺，道丘离际和尚（栖壑）受其戒①。天启六年（1626），主法诃林，建禅堂，复修方丈室。是年冬，入曹溪，建憨山塔于南华寺象岭之左。天启年间捐田。著有《寄庵大师传》。	《光孝寺志》卷六《法系志·历代住持·寄庵大师传》、卷十《艺文志·区庆云〈广州绅衿公请寄菴大师住持光孝启〉》
	超尘	崇祯八年（1635）	余集生（大成）居士往博山延请曾任广州光孝寺住持之超尘禅师来曹溪立规矩，置田赡众。是年任曹溪南华寺首座、代住持。	释万均（巨赞法师）《参礼祖庭记》

① 癸亥腊八，寄莽大师开戒法性，师始进圆具焉”。见捷机《开山主法栖老和尚行状》。

（续表）

朝代	住持（法号）	进院（在任）时间	简历及建树	引书（备考）
明	通岸	天启六年（1626）崇祯九年（1636）再任	又字智海。明末南海人，憨山德清嗣法弟子，后居诃林。万历二十六年（1598），憨山德清应光孝寺僧通炯、沙门通岸等迎请“住诃林之椒园”，并入光孝寺“请讲《四十二章经》”，一时名声大振。万历三十一年（1603），戒坛为书舍，沙门通炯、从云、栖回，同沙门超逸、通岸募众赎回。天启六年（1626）春，众人请为光孝寺住持。沙门通岸、通炯、超逸及本寺僧募缘，赎回寺内地址二十四所，修复禅堂、方丈院、毗卢殿、选僧堂等殿宇。与陈子壮、黎遂球等重立南园诗社。天启五年（1625）诃林净社成立，通岸、释超逸为诃林净社成员。有《栖云庵集》。	
	显观	崇祯十年（1637）	侍御梁遂良同其子梁复等捐赀修饰大殿，金装大佛并各佛像，与都纲僧明睿、僧达德、显证督理其事。	《光孝寺志》卷二《建置志》、卷六《法系志·历代住持》
	天然	崇祯十五年（1642）清顺治六年（1649）再任	字丽中，法名天然，号丹霞老人。番禺曾氏子，世为番禺望族。崇祯十五年（1642）省亲广州，应陈子壮等延请，开法诃林，大振宗风，是佛门之龙象，法门之砥柱。天然开法诃林，十五载有余。有传。	《光孝寺志》卷六《法系志·天然禅师传》
清	雪盛	顺治七年（1650）	法名雪盛，字今盌，又作今碗。俗姓曾，名起芸，函昰禅师俗家胞弟，嗣法天然函昰禅师。顺治六年（1649），天然离光孝寺后，掌光孝寺法席，直至圆寂，有《语录》和诗集传世。修建睡佛阁，于光孝寺有兴复之功。	
	古昙	顺治十年（1653）	募缘重修戒坛。李先明、夏武同心赞助，堂宇重新；刘天有募诸檀信庄严圣相。	《光孝寺志》卷十《艺文志·释智华〈重修戒坛碑记〉》
	超相	顺治十八年（1661）		《光孝寺志》卷四《法宝志·浴佛铜盆》
	今汉	顺治十八年（1661）	募缘住持。	《光孝寺志》卷四《法宝志·浴佛铜盆》
	明记	顺治十八年（1661）	募缘住持。	《光孝寺志》卷四《法宝志·浴佛铜盆》
	无际	康熙三十一年（1692）	自捐衣钵之资，独任重修六祖殿，并建拜亭。康熙三十一年（1692）捐田。	《光孝寺志》卷二《建置志》、卷八《檀越志》、卷十《艺文志·石濂大汕〈重修六祖殿宇拜亭碑记〉》

（续表）

朝代	住持（法号）	进院（在任）时间	简历及建树	引书（备考）
清	雪槱	康熙年间（1662—1722）	字雪槱，漳州徐氏子，举人。明亡后拒绝仕途，出家为僧，为清初高僧、临济宗木陈道忞禅师门人之首，自称芃庵道人。康熙十年任南华寺住持，晚年主持光孝寺。真朴诣祖庭后，重新校辑纂修《曹溪通志》，并邀请当时富有学养的高僧大德、仕宦名流，如别传寺澹归和尚、光孝寺诗僧成己（后为南华禅寺憨山塔院院主、住持）、南雄知府陆世楷、肇庆知府史树骏、曲江知县周韩瑞、仁化知县鹿应瑞等参与此志之审订。	《光孝寺志》卷六《法系志·历代住持》
	敏言	雍正年间（1723—1735）	法名元默，字敏言，号葆庵，南海九江村冯氏子。嗣法天岳本昼，能诗文，有传。	《光孝寺志》卷六《法系志·〈敏言传〉》、卷四《法宝志·历代祖师真像》
	智超	乾隆二年（1737）	诗列在住持圆德前后均有，故任年应在同时期前后。有诗《智超上人主席诃林赋赠》。	《光孝寺志》卷十一《题咏志上·刘统勋〈访定宗方丈即事有作〉》、卷十二《题咏志下·庄有恭〈题光孝定宗和尚梅花独立图〉》
	圆德	乾隆二十七年（1762）	法名成鉴，字圆德，广州人。幼年于光孝寺出家，性聪慧，善文辞，工诗赋。嗣法敏言元默。清乾隆二十七年（1762）捐赀重建方丈室。乾隆三十四年（1769），与顾光、何厚宣、温闻源等共同发起纂修《光孝寺志》，志成由其募缘出版。乾隆三十五年（1770）募缘重修寺大门。	《光孝寺志》卷十《艺文志·顾光〈光孝寺重修山门碑〉》
	景闻	任年未详	诗列在住持圆德前面，故任年应为同时期前后者。	《光孝寺志》卷十二《题咏志下·苏珥〈题光孝景闻和尚桃花独立图〉》
	道济	光绪二十九年（1903）左右	清末，两广总督岑春煊在广州大搞“庙产兴学”。时六榕寺住持铁禅自愿捐献，并约光孝寺住持道济乐助，光孝寺遂得以保存主体建筑。	
清至民国	铁禅	光绪三十一年（1905）至民国十七年（1928）	法号铁禅，法名心镜，番禺刘氏子，礼广州六榕寺源善和尚披剃出家。光绪二十四年（1898）任六榕寺住持。道济圆寂后，当家灿灯、仲来等礼请铁禅兼任光孝寺住持。	
民国	铭参	民国十八年至三十四年（1929—1945）	1929年，寺有住僧14人。广东法官学校（后改为国立广东法科学院）借用光孝寺时，住持铭参曾“迭请迁让”，呈请将该寺归还佛教界，未获准。	《广东全省宗教概况统计表》

（续表）

朝代	住持（法号）	进院（在任）时间	简历及建树	引书（备考）
民国	仲来	民国三十四年（1945）	1937年，国立广东法科学院归并中山大学时，寺僧仲来等“重申前请”（《广东佛教分会整理委员会常务委员释复仁等呈广州市政府》）。1952年，光孝寺有仲来（当家师）等4位僧人居住于寺内睡佛阁下。灿灯、仲来先后圆寂，睡佛阁亦被占用。至此寺内宗教活动停止，至1986年年末恢复宗教活动。	《宗教与近代广东社会》
中华人民共和国	本焕	光复时期 1987—1996	法名心虔，法号本幻，后改为本焕，湖北新洲人。1987年任本山住持，重建、扩建钟鼓楼、地藏殿、观音殿、泰佛殿（伽蓝殿）、菩萨殿（又称千佛殿、五祖殿，即吉祥殿或卧佛殿）、山门、回廊等殿宇；修复大雄宝殿、天王殿和禅堂等。	《光孝寺志》（未刊稿）
	新成	中兴时期 1996—2006	法名觉就，字新成。广东揭西人。1945年礼又哲为师，1987年住光孝寺任监院，1996年主持光孝寺法席。回收古月轩，赎民居楼，修复大殿，建僧舍、山门广场、斋堂等殿宇。嗣法门人寂心光明、寂旺光盛、寂明超慧（明生）、寂静光秀。	《光孝寺志》（未刊稿）
	明生	演教时期	俗姓林，名宏生。1960年生，广东惠来人，1982年于潮阳圆通寺礼达藏（1930—2001）披剃出家，法名超慧。1990年任光孝寺知客、僧值。1994年从潮州开元寺回光孝寺，协助本焕老和尚和新成老和尚修建殿宇、重塑圣像、建章立制、中兴道场。2006年任本山住持，拓建山门殿，增建斋堂、风幡堂、观音殿、藏经楼、方丈室、慈度堂等殿宇。	《光孝寺志》（未刊稿）

* （1）此表主要依顾光、何淙修撰《光孝寺志》，中华书局2000年版；南华寺纂修《曹溪通志》，广东人民出版社2021年版；达亮《广州光孝寺历代住持考述》，《韶关学报》2016年第37卷第11期；达亮《曹溪惠能法系下的祖庭弘化——以南华寺、光孝寺住持为中心》，《岭南文史》2021年第3期；达亮《韶州南华寺历代住持考述》，《中国禅学》（第九卷），宗教文化出版社2019年。 （2）仲来在《光孝寺志》（未刊稿）列为历代住持，但无史料佐证，是否为住持，待考。

住寺高僧年表

朝代	帝王纪年	公元纪年	法名	大事件
唐	仪凤元年	676	印宗 627—713	俗姓印，吴郡（今江苏苏州）人，弱龄入道，通诸经教，“精涅槃大部”，以《涅槃》名于京都。演化番禺，居法性寺，遇惠能，始悟玄理，拜惠能为传法之师。建瘗发塔和易名风幡堂，将面阔三间睡佛阁改名风幡堂。采自梁至唐诸方达者之言，著《心要集》，盛行于世。先天二年（713）二月二十一日，卒于会稽山妙喜寺，世寿八十有七。
明	嘉靖三十五年	1556	通轼 ？—1556	俗姓梁，顺德人。少好学，后于广州光孝寺礼西菩圆赒披剃出家。奏请《大藏经》于寺供养。嘉靖三十五年（1556）迁化于从京回穗的路上。 《寺志·卷二·建置志》载：元大德六年（1302），檀越堂立于戒坛侧，已废。住持僧通轼与本寮自设供养。
	弘治十四年	1501	无为 1444—1515	字普习，南海鼎安人，俗姓李。七岁出家光孝寺。明成化十九年（1483）受戒。二十三年（1487）受聘昭庆寺禅堂首座。弘治十四年（1501）复归光孝寺。正德十年（1515）十一月初六日召众作偈而逝。偈曰：“幻住七十一年，草偃风行雪厉。今朝云散长空，水月空华失彩。泥牛踏破碧潭秋，一性圆明真自在。”
	万历二十六年 万历四十一年	1598—1613	超逸 ？—1635	字修六，法名超逸。俗姓何，三水人。早岁舍身入寺，礼云岳公出家。憨山大师在粤大弟子。与憨山大师入曹溪。及憨山示寂，特持所被紫衣以付修法师。后返回广州，驻锡诃林，四众争往事之，因不胜其烦，乃筑室于白云，曰“别峰”，后又称“雪谷”。崇祯八年（1635）示寂，法腊六十有五，入塔于景泰聚龙岗。
清	顺治六年	1649	止言今堕 ？—1659	俗姓黎，名启明，字始生，法名止言。清顺治六年(1649)求天然禅师函昰剃度出家，受具命为诃林监院。
民国	民国三十八年	1949	倓虚 1875—1963	俗姓王，名福庭，法名隆衔，号倓虚，河北宁河人。1917年，礼河北高明寺印魁和尚出家。是年，依宁波观宗寺谛闲法师受具足戒。天台宗第44世。佛学思想秉承历代天台祖师传统，“教演天台，行归净土”。1949年春，应虚云老和尚之邀，南来广州主持复兴光孝寺，后因香港因缘先成熟，乃移锡香港。1963年，示寂于香港弘法精舍，世寿八十九。后人辑成《倓虚大师法汇》《影尘回忆录》等。

莅寺高僧年表

帝王纪年		公元纪年	法名	大事件
东晋	隆安年间	397—401	［罽宾国］ 昙摩耶舍 316—?	开山祖。三国时代，吴国虞翻谪居于此，辟为苑囿，世称虞苑。虞翻死后，家人舍宅为寺。约东晋隆安三年（399）罽宾国(今克什米尔)僧昙摩耶舍到广州，奉敕于虞翻旧苑译经传教，创寺为王苑朝延寺（俗称王园寺）。建大殿五间。
南北朝	南朝宋 永初元年	420	［印度］ 求那跋陀罗 394—468	南朝宋文帝元嘉十二年（435），求那跋陀罗泛海来华至广州，抵穗后驻锡王园寺，在寺内创戒坛（传戒之坛），遂为广州佛教之重镇；建毗卢殿；设"制止道场"。是为光孝寺三大开山祖师之一。
	南朝梁天监 元年	502	［印度］ 智药三藏	智药三藏自西天竺携菩提树一株，航海到广州，将菩提树植于广州王园寺（今光孝寺）戒坛前，以待六祖惠能。西来井，在光孝寺六祖殿后。相传智药三藏卓锡得泉，用以溉菩提树。是为光孝寺三大开山祖师之一。
	南朝梁大通 元年	527	［印度］ 菩提达摩 ？—536	西天二十八祖，东土初祖。自天竺泛海乘商舶入华，经三度寒暑，梁普通七年（526）（一说在梁大通元年，即527年）九月，抵达南海郡（今广州），亦止于诃林。菩提达摩登陆后并结庵栖住传教，后人称为"西来庵"（今广州华林寺所在地），而后移锡王园寺（今光孝寺）。清代尚存的达摩井乃初祖达摩所掘之井。
	南朝陈天嘉 三年	562	真谛 499—569	天嘉三年（562）九月，六十四岁的真谛欲归本国，但在海上遇风，十二月间被漂回广州。刺史欧阳頠请他为菩萨戒师，迎住制止寺、王园寺。光大二年（568），又被迎请至广州王园寺，译经传法。
	南朝陈光大 二年	568		
唐	仪凤元年	676	六祖惠能 638—713	生于新州，长于岭南。北上求法，途次曹溪，遇刘志略，引为无尽藏尼，解析《涅槃经》真义。黄梅得法，避难潜踪。仪凤元年，至广州法性寺披剃、受戒、妙答"风幡论辩"、初开"东山法门"。南宗禅法衍成"一花五叶"，曹溪衍派，形成沩仰宗、临济宗、曹洞宗、云门宗、法眼宗五家七宗，对中国佛教的发展产生了革命性的影响。贾题韬盛赞称："六祖惠能大师是真正意义上禅宗的开山祖师，是禅宗的源头。"《光孝寺志》卷十《艺文志·〈成化十八年礼部奏给本寺住持僧定俊札付一道〉》有两处载及："本寺系六祖禅师开山道场。"

（续表）

帝王纪年		公元纪年	法名	大事件
唐	永昌元年	689	义净 635—713	首次，乘商舶离开室利佛逝向广州进发，永昌元年（689）七月二十日达广州，后仍旧驻锡制止寺，与寺内法俗商量求购纸墨和推荐助手之事；其次，与贞固、道宏两位助手乘商舶返抵广州；义净返回广州后仍然驻锡制止寺一年多。
	长寿二年	693		
	长寿三年	694	贞固 ？—697	俗姓孟，郑地荥川人，垂拱年间（685—688），贞固法师到桂林，然后从桂林到达广州，"广府法徒，请开律典"。长寿三年（694），贞固在三藏道场（制旨寺）传律。在寺讲"毗奈耶教"，推动此事的就是义净在《重归南海传》里提到一位"恭阇黎"，就是本山住持。
			道宏	俗姓靳，汴州雍丘人。早年在峡山随父出家，"往来广府，出入山门，……既闻净至，走赴庄严（按即今六榕寺），询访所居，云停制旨（按即今光孝寺）"。嗣后，随义净返广州，与贞固共留岭南弘传律教。
	神龙元年	705	般剌蜜帝	赍梵本《楞严经》泛海至广州，并与房融、怀迪等在寺内译出此经。
	天宝元年	742	不空 705—774	在广州之际，初至南海郡，采访使刘巨麟恳请灌顶，乃于法性寺，相次度人，百千万众，此为首次弘法密宗之活动，法性寺也是广州海路密宗入华之初传地。
	天宝九年	750	鉴真 688—763	旋附舶溯江（西江）至桂州（今广西桂林），复由桂州（泛舟南）下江，次至端州（今广东肇庆高要县），在此，日僧荣叡奄化。后由端州太守送往广州，驻锡大云寺（今光孝寺）。
	宣宗年间	847—859	仰山慧寂[①] 807–883	俗姓叶，韶州仁化人（怀化或湞昌之说，误），十七岁"依南华寺通禅师落发"，沩仰宗开山祖师，至广州，广帅迎入法性寺，说法度众。

① 有关生卒年有四种说法，807—883年（《塔铭》）、814—890年（《佛祖历代通载》《佛祖纲目》《宗统年》）、815—891年（《佛祖统纪》《隆兴佛教编年》《释氏通鉴》）、840—916年（《释氏稽古略》），有"小释迦"之称。宋《高僧传》卷十二、《景德传灯录》卷十一、《传法正宗记》卷七，有传。

（续表）

帝王纪年		公元纪年	法名	大事件
南宋	绍兴二十年	1150	大慧宗杲 1089—1163	绍兴二十年（1150）七月二十六日，住广州光孝寺，计三十二日，为何文绶说法。作《真赞》，称“急性王菩萨”。八月十九日离开，东行罗浮、梅州。（《大慧普觉禅师年谱》卷一）驻锡光孝寺的嗣法门人光孝立、光孝祖彦。
后晋	天福三年	938	达岸 918—978	韶州曲江人，俗姓梁，名志清，生于后梁贞明四年（918）正月十一日。九岁授以《孝经》，过目成诵。年十二初礼慧涛，十三受五戒，十八披剃得度。年二十，礼云门文偃祖师受具足戒，乃至曹溪谒祖，南游至广州，挂搭诃林（光孝寺）风幡堂。
明	万历二十六年	1598	憨山德清 1546—1623	中兴禅宗、兼宏净土，从此，“禅净双修”在粤中广泛流行，影响深远。
	崇祯十四年	1641	空隐道独 1600—1661	空隐说法于广州光孝寺，其徒十力禅师，年五十始皈依其门下。① 十力禅师，“辛巳从空隐说法于广州光孝寺”。

① 清·仇巨川纂，陈宪猷校注：《羊城古钞》，广州：广东人民出版社，1993年，第663页。

六朝至唐域外梵僧在寺所译各经简表[①]

书名及卷数	译者	引证出处	附录
《差摩经》一卷	昙摩耶舍	《高僧传》卷一本传	东晋隆安年抵广州，在白沙寺为清信女张普明译。
《无量义经》一卷	昙摩耶舍	《出三藏记集》卷二	南朝齐建元三年（481）于广州朝亭寺（今光孝寺）译。[②]
《历代三宝记》十一卷	昙摩耶舍	《大藏经》第49册	同上
《古今译经图记》四卷	昙摩耶舍	《大藏经》第55册	东晋隆安年抵广州，在白沙寺为清信女张普明译。
《五百弟子自说佛本起经》若干卷	求那跋陀罗	《光孝寺志》卷二《建置志》	
《伽毗利律》若干卷	求那跋陀罗	《光孝寺志》卷二《建置志》	
《摄大乘论》三卷	真谛	《续高僧传》卷一本传	南朝陈天嘉四年（563）于广州制旨寺译，慧恺笔授。
《摄大乘论释》十五卷 《摄大乘义疏》八卷	真谛	慧恺撰《摄大乘论序》	南朝陈天嘉四年（563）于制旨寺译，慧恺笔授。
《金刚般若经》一卷	真谛	《光孝寺志》卷二《建置志》	
《俱舍释论》二十二卷	真谛	《续高僧传》卷一本传 《光孝寺》卷二《建置志》	南朝陈天嘉四年（563）于制旨寺译出。按本传谓并疏文凡八十三卷。
《佛性论》四卷	真谛	《光孝寺志》卷二《建置志》 《续高僧传》卷十《靖嵩传》	
《律二十二明了论》一卷疏五卷（简称《明了论》）	真谛	《续高僧传》卷一《法泰传》	大正新修《大藏经》律部三曾收此论，卷后识云："陈光大二年、岁次戊子、正月二十日，都下定林寺律师法泰，于广州南海郡内，请三藏法师拘那罗陀翻译此论，都下阿育王慧恺谨为笔受，翻论本得一卷，注记解释得五卷。"

① 参见罗香林著：《唐代广州光孝寺与中印交通之关系》，《六朝至唐梵僧在光孝寺之译经》，香港：中国学社，1960年，第43—45页。据罗香林先生统计，仅在光孝寺所译的佛经，有案可稽的便有20部。又参见唐·智昇撰，富世平点校：《开元释教录》卷四、卷六、卷七，北京：中华书局，2018年。

② 释慧正：《昙摩伽陀耶舍与广州所译〈无量义经〉之考证》，《宗教与历史》（第12辑），北京：社会科学文献出版社，2020年。

（续表）

书名及卷数	译 者	引证出处	附 录
《僧涩多律》一卷	真 谛	《光孝寺志》卷二《建置志》	
《广义法门经》若干卷	真 谛	《续高僧传》卷一本传	南朝陈天嘉四年（563）十一月十日于广州制旨寺译。
《唯识论》一卷	真 谛	《续高僧传》卷一本传	
《中边分别论》二卷	真 谛	《续高僧传》卷十《靖嵩传》	
《无相思尘论》一卷	真 谛	《续高僧传》卷十《靖嵩传》	
《无上依经》二卷	真 谛	《光孝寺志》卷二《建置志》	按诸书未载此经名，疑即《无上处经》也。
《金光明经》七卷	真 谛	《续高僧传》卷十《慧旷传》	真谛本传，谓在金陵正观寺译，惟《慧旷传》则谓在粤获此经，意真谛在粤必曾重译也；但真谛译本，今已不传。
《立世阿毗昙论》十卷	真 谛	《光孝寺志》卷二《建置志》	按《光孝寺志》简称此书曰《佛阿毗昙》，其实应云《佛说立世阿毗昙》也。
《大涅槃经论》一卷	真 谛	《光孝寺志》卷二《建置志》	
《婆薮槃豆法师传》一卷	真 谛	大正新修《大藏经》史传部二	按《光孝寺志》谓真谛在寺译经律论凡四十部，《续高僧传》卷一《法泰传》谓真谛前后所出凡五十余部，惟今可考见者仅十余部耳。
《三无性论》二卷①	真 谛	《碛砂大藏经》53	制旨寺所译
《大佛顶如来密因修证了义诸菩萨万行首楞严经》十卷，简称《首楞严经》十卷	般刺蜜帝	《宋高僧传》卷三，及《续古今译经图纪》《广州大典》	房融在光孝寺笔授、乌长国沙门弥伽释迦译语，该书有明刻本，作十卷，藏福建省泉州开元寺；除十卷本之外，又流行五卷本，有清光绪七年（1881）海幢寺刻本。②

① 《碛砂大藏经》53，影印宋元版，北京：线装书局，2005年，第474页。罗氏表不载。

② 罗氏表《广州大典》及“附录”内容不载。

光孝寺碑铭集目录

碑铭	撰者	朝代	帝王纪年	文献来源
瘗发塔记	释法才	唐	仪凤元年·676年	同治《广州府志》
光孝寺宝历石幢	释钦造	唐	宝历二年·826年	光绪《广州府志》
西铁塔铭	龚澄枢	南汉	大宝六年·963年	《广州寺庵碑铭集》
东铁塔记铭	刘铱	南汉	大宝十年·967年	道光《广东通志》
光孝寺咸平钟铭	释义明	宋	咸平四年·1001年	同治《广州府志》
乾明禅院大藏经碑	彭惟节	宋	大中祥符元年·1008年	《光孝寺志》
米元章书三世佛名	米芾	宋	熙宁六年·1073年	同治《广州府志》
药师铜造像	张杨剌	辽	大康六年·1080年	宣统《南海县续志》
重修佛殿记	吴文震	南宋	淳祐四年·1244年	《光孝寺志》
六祖大鉴禅师殿记	陈宗礼	南宋	咸淳五年·1269年	同治《广州府志》
重修法宝轮藏记	陈宗礼	南宋	咸淳六年·1270年	《光孝寺志》
檀越吴氏舍田记	释诏海	南宋	咸淳九年·1273年	《光孝寺志》
达摩像赞碑	释宗宝	元	泰定元年·1324年	《光孝寺志》 《粤东金石略补注》
六祖像赞	释宗宝	元	泰定元年·1324年	同治《广州府志》
公庙堂记	释宗宝	元	泰定元年·1324年	宣统《南海县志》
檀越郑氏舍田记	释悟传	元	至元二十四年·1287年	
光孝寺天顺钟铭	丁酉良	明	天顺五年·1461年	《光孝寺志》
重修六祖殿拜亭碑	鱼朝阳	明	嘉靖二十七年·1548年	《光孝寺志》
重修佛殿题名碑记	霍邦祥	明	嘉靖二十九年·1550年	《光孝寺志》
重修大藏经序	释定晓	明	嘉靖三十五年·1556年	《光孝寺志》
南宗六祖大鉴禅师光孝寺□□殿重修碑记	黄垲	明	嘉靖四十四年·1565年	宣统《南海县志》
重修唐法才瘗发碑记	释通岸	明	万历十年·1582年	《光孝寺志》
重修地藏十王像记	黎邦琰	明	万历十二年·1584年	《光孝寺志》
重修风幡堂题名碑	释通煦	明	万历二十一年·1593年	《光孝寺志》
敕经楼碑	张廷臣	明	万历二十五年·1597年	《光孝寺志》
重修六祖菩提碑记	释通岸	明	万历四十年·1612年	《光孝寺志》《全唐文》
修复戒坛碑记	王安舜	明	万历四十五年·1617年	道光《南海县志》

（续表）

碑铭	撰者	朝代	帝王纪年	文献来源
光孝禅寺重兴六祖戒坛碑记铭	释德清	明	泰昌元年·1620年	道光《南海县志》
修复戒坛碑	王安舜	明	泰昌元年·1620年	《光孝寺志》
革除供应花卉碑记	王安舜	明	天启二年·1622年	《光孝寺志》
修复伽蓝堂题名碑记	释通炯	明	天启七年·1627年	《光孝寺志》
重修菩提坛题名记	释通岸	明	崇祯九年·1636年	《光孝寺志》
重修六祖殿碑记	释德清	明	崇祯年间·1628至1644年	《光孝寺志》
洗砚池碑	邝露	清	清初·1644年	道光《南海县志》
重修光孝寺大殿碑记	释今释	清	顺治十一年·1654年	《光孝寺志》
重修戒坛碑记	释智华	清	顺治十一年·1654年	《光孝寺志》
重修六祖殿宇拜亭碑记	释大汕	清	康熙四十一年·1702年	《光孝寺志》
重修戒坛碑记	邓锦	清	康熙五十五年·1716年	《光孝寺志》
诃林新修禅堂铭	陶标	清	乾隆年间·1736至1795年	《光孝寺志》
重修东塔殿碑记	辛昌五	清	乾隆二年·1737年	《光孝寺志》
重修戒坛碑记	王巨	清	乾隆十六年·1751年	《光孝寺志》
光孝寺重修山门碑记	顾光	清	乾隆三十五年·1770年①	《光孝寺志》
重塑光孝寺佛像题名记	欧阳健	清	嘉庆五年·1800年	宣统《南海县志》
重建天王殿并回廊碑记	李抡才	清	嘉庆八年·1803年	宣统《南海县志》
光孝寺新建虞仲翔先生祠碑	曾燠	清	嘉庆十六年·1811年	宣统《番禺县续志》
光孝寺碑铭	恽敬	清	嘉庆二十年·1815年	《大云山房文稿》
光孝寺重修碑记	李翀汉	清	道光十三年·1833年②	宣统《南海县志》
曾宾谷侍郎画像刻石虞祠记	陈昙	清	道光十八年·1838年	宣统《番禺县续志》
禁妇女入寺烧香示碑	倪会衔	清	光绪七年·1881年	《粤东金石略补注》
广东法官学校奠基碑	谢瀛洲	民国	二十三年·1934年	《广州寺庵铭集》

① 《粤东金石略补注》载《光孝寺重修山门碑记》勒石于乾隆三十五年(1770)，《广州碑刻集》载此碑记勒石于乾隆三十四年(1769)，今从后者。

② 《粤东金石略补注》载《光孝寺重修碑记》勒石于道光十三年(1833)，《广州碑刻集》载此碑记勒石于乾隆十二年(1747)，今从后者。

* 此表参考资料：(1) 清·翁方纲著，欧广勇、伍庆禄补注：《粤东金石略补注》，广州：广东人民出版社，2012年。 (2) 冼剑民、陈鸿钧编：《广州碑刻集》，广州：广东高等教育出版社，2006年。 (3) 李仲伟、林子雄、崔志民编著：《广州寺庵碑铭集》，广州：广东人民出版社，2008年。

主要参考资料

1. ［梁］释僧祐撰，苏晋仁、萧錬子点校. 出三藏记集. 北京：中华书局，1995.

2. ［梁］释慧皎撰，汤用彤校注，汤一玄整理. 高僧传. 北京：中华书局，1992.

3. ［南唐］静、筠二禅师编撰，孙昌武、［日］衣川贤次、［日］西口芳男点校. 祖堂集. 北京：中华书局，2007.

4. ［唐］房玄龄等撰. 晋书. 北京：中华书局，1974.

5. ［唐］孟琯撰. 岭南异物志，骆伟、骆廷辑注. 岭南古代方志辑佚. 广州：广东人民出版社，2002.

6. ［唐］义净原著，王邦维校注. 大唐西域求法高僧传校注. 北京：中华书局，1988.

7. ［日］真人元开著，汪向荣校注. 唐大和上东征传. 北京：中华书局，1979.

8. ［唐］道宣. 续高僧传. 台北：新文丰出版公司，1973.

9. ［宋］赞宁撰，范祥雍点校. 宋高僧传. 北京：中华书局，1987.

10. ［宋］方信孺、［明］张诩、［清］樊封撰，刘瑞点校. 南海百咏 南海杂咏 南海百咏续编. 广州：广东人民出版社，2010.

11. ［清］顾光、何淙修撰，中山大学中国古文献研究所整理组点校. 光孝寺志. 北京：中华书局，2000.

12. ［清］释成鹫撰，李福标、仇江点校. 鼎湖山志. 北京：中华书局，2006.

13. ［清］释真朴重修，杨权、张红、仇江点校. 曹溪通志. 香港：梦梅馆，2008.

14. ［清］翁方纲著，欧广勇、伍庆禄补注. 粤东金石略补注. 广州：广东人民出版社，2012.

15. ［清］王士祯著. 广州游览小志. 北京：中华书局，1985.

16. ［清］仇巨川纂，陈宪猷校注. 羊城古钞. 广州：广东人民出版社，1993.

17. ［清］梁廷楠著，林梓宗校点. 南汉书. 广州：广东人民出版社，1981.

18. ［清］檀萃著，杨伟群校点. 楚庭稗珠录. 广州：广东人民出版社，1982.

19. ［清］丁福保. 六祖坛经笺注. 香港：香港宏大印刷制本公司，2002.

20. ［清］屈大均撰. 广东新语. 北京：中华书局，1985.

21. ［清］天然著，李福标、仇江点校. 瞎堂诗集. 香港：梦梅馆，2007.

22. 邓之诚撰. 清诗纪事初编. 北京：中华书局，1965.

23. 蔡鸿生著. 清初岭南佛门事略. 广州：广东高等教育出版社，1997.

24. ［日］常盘大定著. 支那佛教史迹踏查记. 东京：龙吟社，（1938）1942.

25. ［日］伊东忠太著. 中国古建筑装饰. 北京：中国建筑工业出版社，2006.

26. ［日］森清太郎. 岭南纪胜. 出版情报广东（中国），岳阳堂药行发行所，1928.

27. 罗香林著. 唐代广州光孝寺与中印交通之关系. 香港：中国学社，1960.

28. 张曼涛主编. 现代佛教学术丛刊4 禅学专集之四 禅宗史实考辨. 台北：大乘文化出版社，1977.

29. 曹越主编，孔宏点校. 明清四大高僧文集・憨山老人梦游集. 北京：北京图书馆出版社，2004.

30. 程建军、李哲扬著. 广州光孝寺建筑研究与保护工程报告. 北京：中国建筑工业出版社，2010.

31. 程建军主编. 古建遗韵 岭南古建筑老照片选集. 广州：华南理工大学出版社，2013.

32. 汪宗衍. 明末天然和尚年谱. 台北：台湾商务印书馆，1986.

33. 王次澄等编著. 大英图书馆特藏中国清代外销画精华（第三卷）. 广州：广东人民出版社，2011.

34. 李仲伟、林子雄、崔志民编著. 广州寺庵碑铭集. 广州：广东人民出版社，2008.

35. 冼剑民、陈鸿钧编. 广州碑刻集. 广州：广东高等教育出版社，2006.

36. 黄佛颐编纂，仇江等点注. 广州城坊志. 广州：广东人民出版社，1994.

37. 广州市地方志编纂委员会编. 广州市志. 广州：广州出版社，1998.

38. 杨万秀、钟卓安主编. 广州简史. 广州：广东人民出版社，1996.

39. 方志钦、蒋祖缘主编. 广东通史（古代上册）. 广州：广东高等教育出版社，1996.

40. 蒋祖缘、方志钦主编. 简明广东史. 广州：广东人民出版社，1993.

41. 黄德才主编，广东省地方史志编纂委员会编. 广东省志・宗教志. 广州：广东人民出版社，2002.

42. 刘伟铿编著. 岭南名刹庆云寺. 广州：广东旅游出版社，1998.

43. ［宋］余靖撰，黄志辉校笺. 武溪集校笺. 天津：天津古籍出版社，2000.

44. 徐作霖、黄蠡编. 海云禅藻集. 逸社丛书本，1935.

45. 覃召文著. 岭南禅文化. 广州：广东人民出版社，1996.

46. 广州市佛教协会编. 羊城禅藻集：历代广州佛教丛林诗词选. 广州：花城出版社，2003.

47. 潘安著. 商都往事：广州城市历史研究手记. 北京：中国建筑工业出版社，2010.

48. 方立天著. 中国佛教与传统文化. 上海：上海人民出版社，1988.

49. 郭朋著. 汉魏两晋南北朝佛教. 济南：齐鲁书社，1986.

50. 鸠摩罗什等著. 佛教十三经，北京：中华书局，2010.

51. 净慧主编. 虚云和尚年谱（增订本）. 郑州：中州古籍出版社，2012.

52. 张岂之主编，刘学智、徐兴海著. 中国学术思想编年. 西安：陕西师范大学出版社，2006.

53. 明生主编，何方耀著. 晋唐南海丝路弘法高僧群体研究. 广州：羊城晚报出版社，2015.

54. 林俊聪著. 新成法师传. 广州：花城出版社，2006.

55. 震华法师编. 中国佛教人名大辞典. 上海：上海辞书出版社，2002.

56. 张琪编著. 北京佛教文化研究所编. 新中国佛教大事记. 北京：金城出版社，2013.

57. 陈伯陶著. 胜朝粤东遗民录　明代传记资料丛刊（第一辑）. 北京：北京图书馆出版社，2008.

58. 汤用彤著. 汉魏两晋南北朝佛教史. 北京：中华书局，1983.

59. 徐文明著. 佛山佛教. 广州：广东人民出版社，2013.

60. 广州市越秀区人民政府地方志办公室、广州市越秀区政协学习和文史委员会主编. 越秀史稿. 广州：广东经济出版社，2016.

61. 广东省政协文史委员会编. 广东文史资料存稿选编（六册）. 广州：广东人民出版社，2005.

62. 广州市政协文史委员会编. 广州文史资料存稿选编（十册）. 北京：中国文史出版社，2008.

63. 何韶颖著. 清代广州佛教寺院与城市生活. 北京：中国建筑工业出版社，2018.

64. 徐文明著. 光孝寺与丝路文明. 北京：宗教文化出版社，2018.

65. 南华禅寺纂修. 曹溪通志. 广州：广东人民出版社，2021.

后　记

法性风幡三两僧，菩提树下有蝉鸣。

雅音有待圣人出，禅院木棉掷地声。

这是拙诗《禅院物语》，诗境就是光孝寺。

广州光孝寺在中国佛教史上具有重要地位，它是羊城年代最古、规模最大的佛教名刹，是中印佛教交流的策源地之一。自创寺以来，常有中外高僧到寺中驻锡传教弘法。东晋时期，罽宾三藏法师昙摩耶舍来寺扩建大殿并翻译佛经。南朝宋元嘉年间，印度高僧求那跋陀罗在寺中创建戒坛传授戒法。南朝梁时代，印度名僧智药禅师途经西藏来广州讲学，并带来一株菩提树，栽在该寺的祭坛上。唐仪凤元年（676），惠能在该寺菩提树下受戒，开创佛教南宗东山法门，称“禅宗六祖”。天宝八年（749），鉴真第五次东渡日本时，被飓风吹至海南岛，然后来广州，也曾在此驻锡。

光孝寺文物史迹众多，如始建于东晋的大雄宝殿，南朝时达摩开凿的洗钵泉，唐朝的瘗发塔、石经幢；南汉的千佛东西铁塔，宋明时期的六祖殿、卧佛殿。以及碑刻、佛像、诃子树、菩提树等，都是珍贵的佛教遗迹，这些对于研究中国佛教史、广东历史具有重要价值。

笔者居岭南三十载有余，兼编辑佛教期刊，对岭南佛教史有一定研究。四年前笔者进驻光孝寺，因收集整理与“海上丝绸之路”相关文献资料，促成撰写此书之因缘。出版此书是为了宣扬禅宗思想和禅宗文化，这是一种善举、一种承诺、一种心愿。于我而言，也是一种学习、一种参悟。

“开元光孝图文茂，仰望禅宗万载灯。”（钟东语）拙著《潮州开元寺》早在2013年由岭南美术出版社出版，《广州光孝寺》是其姊妹篇。本书的内容是以图为主，把光孝寺上千年来之沧桑变迁，以文字、图片的形式记录，编辑成册。此书非停留于对寺院历史、殿堂布局和人文圣迹等方面之简单陈述，而是试图通过历史照片和文献记述相结合，钩沉光孝寺漫长发展历程中之旧事，将光孝寺此古老祖庭生生不息之精神，展现于世人面前，供读者从不同视角解读。

本书的部分章节，此前曾见诸《岭南文化辞典》、《中国佛教与海上丝绸之路》（论文集）、《佛教文化与“一带一路”倡议学术论坛》（论文集），以及《韶关学报》《法音》《六祖惠能与岭南禅宗历史文化研究文集》《岭南文史》《广州文博》《佛教文化》《广东佛教》《人海灯》等期刊及文集，在这里谨向曾编发拙文的各位编辑致以衷心的感谢。

本书稿的完成，曾得到学术界许多前辈、朋友的支持和帮助。他们或提供文献资料，或告知相关研究信息，或提出中肯建议。此书能得以出版，乃诸多因缘和大德、师友的成就。

首先，感谢广州光孝寺方丈明生大和尚、潮州开元寺住持达诠大和尚对本人工作的支持；感谢岭南美术出版社翁少敏主任、高爽秋编辑。该社对《岭南文化艺术图典》丛书出版高度重视，其敬业精神一直享誉出版界。

其次，感谢中国社会科学院荣誉学部委员、世界宗教研究所杨曾文教授，中国社会科学院世界宗教研究所黄夏年教授，在百忙中赐序；感谢北京师范大学徐文明教授，中山大学图书馆李福标教授，中山大学古文献研究所钟东教授、江晖研究员，广东工业大学何韶颖博士，以及中山大学历史系的陈雪峰文友长期以来的关心与帮助。

再次，感谢韩山师范学院的石军老师、丁少玉居士，为本书提供文献资料；感谢刁俊锋先生精心设计书籍，感谢广东省佛教协会法成法师、宽德法师，没有他们的无私奉献，本稿不会那么顺利完成。

最后，感谢学者同仁在此书出版过程中提供照片的支持。本书稿的四百多张图片是从六七百张照片中筛选出来的。书稿中除老照片、历史照片、署名照片之外，皆为笔者拍摄。拍摄照片的过程，也是笔者学习审美、构图、瞬间定格及创作的过程。

“孝子之至，莫大乎尊亲。”（《孟子集注·万章章句上》）天下之爱莫过于母爱。如今我敬爱的母亲刘桂荣（壬寅年八十八）已步入米寿之年。值此书出版之际，谨将此书的功德回向翌年九十诞辰的母亲，向她老人家献上我的敬礼！

本书历经三载有余，因笔者学识有限，书中的舛误和不足之处必定不少，恳请读者垂教匡正，不胜感激之至。

此书付梓之际，适逢光孝寺重光三十周年，亦是一重因缘，感慨万千，作《岭南禅源》小诗以志：

四九说宣真眼藏，破颜迦叶印心王。
跋陀法性金刚建，智药菩提戒相庄。
百七十年人待圣，达摩初祖牧群羊。
露颖卢祖风幡定，诃子枝浓溢远香。
瘗发能师演妙谛，无字坛经耀佛光。
开墓宝林溪一滴，云浮归去国恩乡。

达亮谨记于广州菩提斋
2017年8月19日（初稿）
2022年5月20日（定稿）